新線形代数 問題集

改訂版 | 大日本図書

Linear Algebra

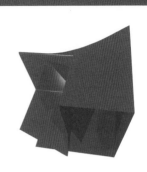

JN055726

まえがき

数学の内容をより深く理解し，学力をつけるためには，いろいろな問題を自分の力で解いてみることが大切なことは言うまでもない．本書は「新線形代数　改訂版」に準拠してつくられた問題集で，教科書の内容を確実に身につけることを目的として編集された．各章の構成と学習上の留意点は以下の通りである．

(1) 各節のはじめに**まとめ**を設け，教科書で学習した内容の要点をまとめた．知識の整理や問題を解くときの参照に用いてほしい．

(2) **Basic**（基本問題）は，教科書の問に対応していて，基礎知識を定着させる問題である．右欄に教科書の問のページと番号を示している．**Basic** の内容については，すべてが確実に解けるようにしてほしい．

(3) **Check**（確認問題）は，ほぼ **Basic** に対応していて，その内容が定着したかどうかを確認するための問題である．1 ページにまとめているので，確認テストとして用いてもよい．また，**Check** の解答には，関連する **Basic** の問題番号を示しているので，**Check** から始めて，できなかった所を **Basic** に戻って反復することもできるようになっている．

(4) **Step up**（標準問題）は基礎知識を応用させて解く問題である．「例題」として考え方や解き方を示し，直後に例題に関連する問題を取り入れた．**Basic** の内容を一通り身につけた上で，**Step up** の問題を解くことをすれば，数学の学力を一層伸ばし，応用力をつけることが期待できる．

(5) 章末には，**Plus**（発展的内容と問題）を設け，教科書では扱っていないが，学習しておくと役に立つと思われる発展的な内容を取り上げ，学生自らが発展的に考えることができるようにした．

(6) **Step up** と **Plus** では，大学編入試験問題も取り上げた．

(7) **Basic** と **Check** の解答は，基本的に解答のみである．ただし，**Step up** と **Plus** については，自学自習の便宜を図って，必要に応じて，問題の右欄にヒントを示すか，解答にできるだけ丁寧に解法の指針を示した．

数学の学習においては，あいまいな箇所をそのまま残して先に進むことをせずに，じっくりと考えて，理解してから先に進むといった姿勢が何より大切である．

授業のときや予習復習にあたって，この問題集を十分活用して工学系や自然科学系を学ぶために必要な数学の基礎学力と応用力をつけていただくことを期待してやまない．

令和 3 年 10 月

編者

目次

1章 ベクトル

1 平面のベクトル

まとめ

●ベクトルの演算 $\vec{a} \pm \vec{b}$, $m\vec{a}$

$$\vec{a} + \vec{b} = \vec{b} + \vec{a}, \quad (\vec{a} + \vec{b}) + \vec{c} = \vec{a} + (\vec{b} + \vec{c})$$

$$m(n\vec{a}) = (mn)\vec{a}, \quad (m+n)\vec{a} = m\vec{a} + n\vec{a}, \quad m(\vec{a} + \vec{b}) = m\vec{a} + m\vec{b}$$

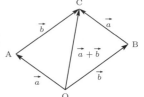

●成分表示

○ $\mathrm{A}(a_1, a_2)$, $\mathrm{B}(b_1, b_2)$ のとき　$\overrightarrow{\mathrm{AB}} = \overrightarrow{\mathrm{OB}} - \overrightarrow{\mathrm{OA}} = (b_1 - a_1, b_2 - a_2)$

○ $\vec{a} = (a_1, a_2)$, $\vec{b} = (b_1, b_2)$ のとき

$$\vec{a} = \vec{b} \Longleftrightarrow a_1 = b_1, a_2 = b_2, \quad |\vec{a}| = \sqrt{a_1{}^2 + a_2{}^2}$$

$$\vec{a} \pm \vec{b} = (a_1 \pm b_1, a_2 \pm b_2), \quad m\vec{a} = (ma_1, ma_2)$$

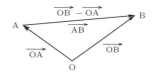

●内積

○ $\vec{a} \cdot \vec{b} = |\vec{a}||\vec{b}| \cos\theta = a_1 b_1 + a_2 b_2$

○ $\cos\theta = \dfrac{\vec{a} \cdot \vec{b}}{|\vec{a}||\vec{b}|} = \dfrac{a_1 b_1 + a_2 b_2}{\sqrt{a_1{}^2 + a_2{}^2}\sqrt{b_1{}^2 + b_2{}^2}}$

○ $\vec{a} \cdot \vec{a} = |\vec{a}|^2$, $\quad \vec{a} \cdot \vec{b} = \vec{b} \cdot \vec{a}$, $\quad (m\vec{a}) \cdot \vec{b} = \vec{a} \cdot (m\vec{b}) = m(\vec{a} \cdot \vec{b})$

$\vec{a} \cdot (\vec{b} \pm \vec{c}) = \vec{a} \cdot \vec{b} \pm \vec{a} \cdot \vec{c}$, $\quad (\vec{a} \pm \vec{b}) \cdot \vec{c} = \vec{a} \cdot \vec{c} \pm \vec{b} \cdot \vec{c}$

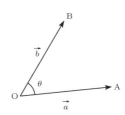

●平行と垂直 $\vec{a} \neq \vec{0}$, $\vec{b} \neq \vec{0}$ のとき

○ $\vec{a} /\!/ \vec{b} \Longleftrightarrow \vec{b} = m\vec{a}$ を満たす実数 m が存在する

○ $\vec{a} \perp \vec{b} \Longleftrightarrow \vec{a} \cdot \vec{b} = 0$

●図形への応用

線分 AB を $m:n$ の比に内分する点を P，$\triangle$ABC の重心を G とすると

$$\overrightarrow{\mathrm{OP}} = \frac{n\overrightarrow{\mathrm{OA}} + m\overrightarrow{\mathrm{OB}}}{m+n}, \quad \overrightarrow{\mathrm{OG}} = \frac{\overrightarrow{\mathrm{OA}} + \overrightarrow{\mathrm{OB}} + \overrightarrow{\mathrm{OC}}}{3}$$

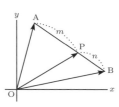

●直線の方程式 方向ベクトル $\vec{v} = (v_1, v_2)$，法線ベクトル $\vec{n} = (a, b)$

○ $\overrightarrow{\mathrm{OP}} = \overrightarrow{\mathrm{OA}} + t\vec{v} \Longleftrightarrow x = x_0 + v_1 t, y = y_0 + v_2 t$

○ $\vec{n} \cdot (\overrightarrow{\mathrm{OP}} - \overrightarrow{\mathrm{OA}}) = 0 \Longleftrightarrow a(x - x_0) + b(y - y_0) = 0$

○ 点 (x_0, y_0) と直線 $ax + by + c = 0$ との距離は　$\dfrac{|ax_0 + by_0 + c|}{\sqrt{a^2 + b^2}}$

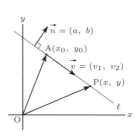

●線形独立 $m\vec{a} + n\vec{b} = \vec{0} \Longleftrightarrow m = 0, n = 0$

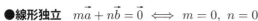

Basic

1 右の図は，1 辺の長さが 1 の正六角形である．$\overrightarrow{\mathrm{OA}}$, $\overrightarrow{\mathrm{AB}}$, $\overrightarrow{\mathrm{BE}}$, $\overrightarrow{\mathrm{CO}}$, $\overrightarrow{\mathrm{DA}}$, $\overrightarrow{\mathrm{EF}}$ の大きさを求めよ．これらのうち，等しいベクトルはどれとどれか．また，単位ベクトルはどれか． →教 p.3 問・1

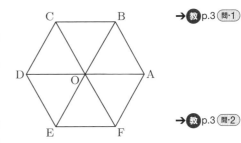

2 前問の図におけるベクトル $\overrightarrow{\mathrm{AB}}$, $\overrightarrow{\mathrm{BC}}$, $\overrightarrow{\mathrm{CD}}$, $\overrightarrow{\mathrm{DE}}$, $\overrightarrow{\mathrm{EF}}$, $\overrightarrow{\mathrm{FA}}$ の中で，互いに逆ベクトルであるものをすべて挙げよ． →教 p.3 問・2

3 次の図で，ベクトル $\overrightarrow{\mathrm{PQ}}$ を $\vec{a}$, $\vec{b}$, $\vec{c}$, $\vec{d}$ で表せ． →教 p.6 問・3

(1) 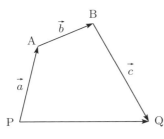 (2)

4 次の式を簡単にせよ． →教 p.8 問・4

(1) $2(3\vec{a} - 4\vec{b}) + 5(-\vec{a} + 2\vec{b})$　　(2) $4(\vec{a} - 3\vec{b}) - 3(2\vec{a} - 5\vec{b} - \vec{c}) + 2\vec{c}$

5 $5\vec{x} + 2\vec{a} - \vec{b} = 8\vec{a} - 3(\vec{b} - \vec{x})$ のとき，$\vec{x}$ を $\vec{a}$, $\vec{b}$ で表せ． →教 p.8 問・5

6 $|\vec{a}| = 3$ のとき，$\vec{a}$ と同じ向きの単位ベクトルを求めよ． →教 p.8 問・6

7 $\vec{a} = (1, 2)$, $\vec{b} = (3, -1)$ のとき，次のベクトルの成分表示と大きさを求めよ． →教 p.10 問・7

(1) $3\vec{a} + \vec{b}$　　　　　　　(2) $2\vec{a} - 3\vec{b}$

8 $\mathrm{A}(3, -1)$, $\mathrm{B}(2, 4)$, $\mathrm{C}(0, 3)$ のとき，次の値を求めよ． →教 p.10 問・8

(1) $|\overrightarrow{\mathrm{AB}}|$　　　　(2) $|\overrightarrow{\mathrm{BC}}|$　　　　(3) $|\overrightarrow{\mathrm{CA}}|$

9 $\mathrm{A}(1, 4)$, $\mathrm{B}(-2, 5)$ のとき，$\overrightarrow{\mathrm{AB}}$ と同じ向きの単位ベクトルを求めよ． →教 p.10 問・9

10 次の条件を満たすベクトル $\vec{a}$ と $\vec{b}$ の内積を求めよ．ただし，θ は $\vec{a}$, $\vec{b}$ のなす角である． →教 p.11 問・10

(1) $|\vec{a}| = 3$, $|\vec{b}| = 4$, $\theta = 30°$　　　(2) $|\vec{a}| = 5$, $|\vec{b}| = 1$, $\theta = \dfrac{2}{3}\pi$

11 図の △ABC において，次の内積を求めよ．

(1) $\overrightarrow{AB} \cdot \overrightarrow{AC}$

(2) $\overrightarrow{AB} \cdot \overrightarrow{BC}$

(3) $\overrightarrow{BC} \cdot \overrightarrow{CA}$

→ 教 p.11 問·12

12 次の 2 つのベクトルの内積を求めよ．

(1) $\vec{a} = (3,\ 4),\ \vec{b} = (-1,\ 2)$　　　(2) $\vec{a} = (\sqrt{2},\ -\sqrt{3}),\ \vec{b} = (1,\ \sqrt{6})$

→ 教 p.12 問·13

13 次の 2 つのベクトルのなす角を求めよ．

(1) $\vec{a} = (1,\ -\sqrt{3}),\ \vec{b} = (\sqrt{3},\ -1)$　　(2) $\vec{a} = (1,\ 7),\ \vec{b} = (4,\ 3)$

→ 教 p.13 問·14

14 $|\vec{a}| = 3,\ |\vec{b}| = \sqrt{2},\ \vec{a} \cdot \vec{b} = 2$ のとき，次の値を求めよ．

(1) $(\vec{a} - 2\vec{b}) \cdot (\vec{a} + \vec{b})$　　　　(2) $|\vec{a} + 3\vec{b}|^2$

→ 教 p.14 問·15

15 平行四辺形 ABCD において，$AB = \sqrt{3}$, $AD = 5$, $\angle BAD = 30°$ のとき，対角線 AC の長さを求めよ．

→ 教 p.14 問·16

16 $\vec{a} = (2,\ k),\ \vec{b} = (3,\ 2k-1)$ が平行となるように実数 k の値を定めよ．

→ 教 p.15 問·17

17 A$(3,\ -2)$, B$(4,\ 1)$, C$(2,\ -k)$, D$(k,\ 4)$ のとき，$\overrightarrow{AB}$ と $\overrightarrow{CD}$ が平行となるように実数 k の値を定めよ．

→ 教 p.15 問·18

18 $|\vec{a}| = \sqrt{6},\ |\vec{b}| = 2,\ \vec{a} \cdot \vec{b} = -3$ のとき，$\vec{a} + \vec{b}$ と $\vec{a} - 3\vec{b}$ は垂直であることを証明せよ．

→ 教 p.15 問·19

19 ベクトル $\vec{a} = (4,\ -3)$ と $\vec{b} = (2k,\ k+1)$ が垂直となるように実数 k の値を定めよ．

→ 教 p.15 問·20

20 O$(0,\ 0)$, A$(3,\ 1)$, P$(k,\ -1)$ のとき，$\overrightarrow{OP} \perp \overrightarrow{AP}$ となるように実数 k の値を定めよ．

→ 教 p.15 問·21

21 A$(-3,\ 5)$, B$(4,\ -9)$ に対し，線分 AB を $1:2$ の比に内分する点を P，線分 AB を $4:3$ の比に内分する点を Q とする．P, Q の位置ベクトル $\overrightarrow{OP}$, $\overrightarrow{OQ}$ を $\overrightarrow{OA}$, $\overrightarrow{OB}$ を用いて表し，点 P, Q の座標を求めよ．

→ 教 p.16 問·22

22 A$(1,\ 3)$, B$(2,\ -1)$, C$(-3,\ 4)$ のとき，△ABC の重心 G の位置ベクトル $\overrightarrow{OG}$ を $\overrightarrow{OA}$, $\overrightarrow{OB}$, $\overrightarrow{OC}$ を用いて表し，点 G の座標を求めよ．

→ 教 p.17 問·23

23 △OAB において，辺 OA, OB の中点をそれぞれ M, N とするとき，次の問い　→ 教 p.17 問・24
に答えよ.

(1) $\overrightarrow{\mathrm{OA}} = \vec{a}$, $\overrightarrow{\mathrm{OB}} = \vec{b}$ とするとき，$\overrightarrow{\mathrm{MN}}$ を $\vec{a}$, $\vec{b}$ で表せ.

(2) $\overrightarrow{\mathrm{AB}} /\!/ \overrightarrow{\mathrm{MN}}$ であることを証明せよ.

24 座標平面内の点 A(1, −4), B(3, 0), C(4, 2) について，$\overrightarrow{\mathrm{AB}}$, $\overrightarrow{\mathrm{AC}}$ の成分表示　→ 教 p.18 問・25
を求めよ. また，点 A, B, C は一直線上にあることを証明せよ.

25 AB = AC の二等辺三角形 ABC において，辺 BC の中点を M とする. このと　→ 教 p.18 問・26
き，AM ⊥ BC であることを証明せよ.

26 次の直線の媒介変数による方程式を求めよ.　→ 教 p.19 問・27

(1) 点 (1, 4) を通り，方向ベクトルが (2, 3) の直線

(2) 点 (3, 5) を通り，方向ベクトルが (4, 0) の直線

(3) 2 点 A(2, −2), B(−1, 3) を通る直線

27 次の直線の法線ベクトルを 1 つ求めよ.　→ 教 p.20 問・28

(1) $2x - 7y + 3 = 0$　　　　　　　　　(2) $y = -\dfrac{3}{4}x + 1$

28 次の点と直線との距離を求めよ.　→ 教 p.21 問・29

(1) 原点と直線 $2x - 3y + 6 = 0$　　　(2) 点 (−2, 5) と直線 $y = -4x + 1$

29 3 点 A(−1, 2), B(5, −1), C(6, 1) について，次の問いに答えよ.　→ 教 p.21 問・30

(1) 直線 AB の方程式を求めよ.　　　(2) 点 C と直線 AB の距離を求めよ.

(3) △ABC の面積を求めよ.

30 $\vec{a} = (1, -3)$, $\vec{b} = (5, 2)$ のとき，次のベクトルを $\vec{a}$, $\vec{b}$ の線形結合で表せ.　→ 教 p.22 問・31

(1) $\vec{c} = (8, -7)$　　　　　　　　　(2) $\vec{d} = (9, 7)$

31 $\vec{a}$, $\vec{b}$ が線形独立であるとき，次の等式が成り立つように x, y の値を定めよ.　→ 教 p.23 問・32

(1) $2x\vec{a} - 5\vec{b} = 8\vec{a} + (3y + 1)\vec{b}$　　(2) $x(\vec{a} + \vec{b}) + y(\vec{a} - \vec{b}) = 4y\vec{a} + \vec{b}$

32 △OAB において，辺 AB を 2 : 3 の比に内分　→ 教 p.24 問・33
する点を L, 辺 OA の中点を M とし，線分 OL
と線分 BM の交点を P とするとき，BP と PM
の比を求めよ.

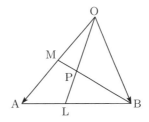

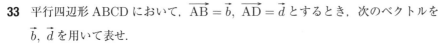

Check

33 平行四辺形 ABCD において，$\overrightarrow{AB} = \vec{b}$, $\overrightarrow{AD} = \vec{d}$ とするとき，次のベクトルを $\vec{b}$, $\vec{d}$ を用いて表せ．

(1) $\overrightarrow{CD}$ (2) $\overrightarrow{DB}$ (3) $\overrightarrow{CA}$

34 $5\vec{a} - 2(\vec{x} - 3\vec{b}) = \vec{x} + 3(2\vec{a} + \vec{b})$ のとき，$\vec{x}$ を $\vec{a}$, $\vec{b}$ で表せ．

35 A(3, 1), B(5, −2) について，次の問いに答えよ．

(1) $\overrightarrow{AB}$ の成分表示と大きさを求めよ．

(2) $\overrightarrow{AB}$ と逆向きの単位ベクトルを求めよ．

36 次の 2 つのベクトルのなす角を求めよ．

(1) $\vec{a} = (\sqrt{3}, 3)$, $\vec{b} = (-1, \sqrt{3})$ (2) $\vec{a} = (2, 3)$, $\vec{b} = (3, -2)$

37 $|\vec{a}| = 3$, $|\vec{b}| = 2$, $\vec{a} \cdot \vec{b} = -4$ のとき，次の値を求めよ．

(1) $(2\vec{a} - \vec{b}) \cdot (\vec{a} + 3\vec{b})$ (2) $|\vec{a} - \vec{b}|^2$

38 $\vec{a} = (k, -1)$, $\vec{b} = (3, 2 - k)$ のとき，次の条件を満たす実数 k の値を求めよ．

(1) $\vec{a} \,/\!/\, \vec{b}$ (2) $\vec{a} \perp \vec{b}$

39 3 点 A(1, −5), B(−3, 4), C(0, 2) について，次の問いに答えよ．

(1) AB を 3 : 2 の比に内分する点 P の位置ベクトル $\overrightarrow{OP}$ を $\overrightarrow{OA}$, $\overrightarrow{OB}$ を用いて表し，点 P の座標を求めよ．

(2) △ABC の重心 G の座標を求めよ．

40 3 点 A(2, 3), B(8, −5), C(−1, 7) は一直線上にあることを証明せよ．

41 2 点 A(3, −1)，B(4, −3) を通る直線の媒介変数による方程式を求めよ．

42 直線 $y = 7x + 1$ について，次の問いに答えよ．

(1) 法線ベクトルを 1 つ求めよ． (2) 点 (−1, 4) との距離を求めよ．

43 $\vec{a} = (2, 1)$, $\vec{b} = (1, 2)$ のとき，$\vec{c} = (3, -2)$ を $\vec{a}$, $\vec{b}$ の線形結合で表せ．

44 $\vec{a}$, $\vec{b}$ が線形独立であるとき，等式 $3\vec{a} + x(2\vec{a} - 3\vec{b}) = y(\vec{a} + 2\vec{b}) + \vec{b}$ が成り立つように，実数 x, y の値を定めよ．

45 △OAB において，辺 OB を 1 : 2 の比に内分する点を L，辺 AB の中点を M とし，線分 OM と線分 AL の交点を P とするとき，OP と PM の比を求めよ．

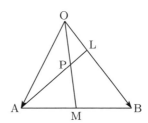

Step up

例題 $|\vec{a}| = 2$, $|\vec{b}| = 3$, $|3\vec{a} + \vec{b}| = 7$ のとき，$\vec{a} \cdot \vec{b}$ を求めよ．

解 $|3\vec{a}+\vec{b}|^2 = (3\vec{a}+\vec{b}) \cdot (3\vec{a}+\vec{b}) = 9\vec{a} \cdot \vec{a} + 6\vec{a} \cdot \vec{b} + \vec{b} \cdot \vec{b} = 9|\vec{a}|^2 + 6\vec{a} \cdot \vec{b} + |\vec{b}|^2$

これより $9 \cdot 2^2 + 6\vec{a} \cdot \vec{b} + 3^2 = 49$ $\therefore$ $\vec{a} \cdot \vec{b} = \dfrac{2}{3}$ //

46 $|\vec{a}| = 1$, $|\vec{b}| = 2$, $|2\vec{a} - 3\vec{b}| = 2\sqrt{13}$ のとき，次の問いに答えよ．

(1) $\vec{a} \cdot \vec{b}$ を求めよ． (2) $\vec{a}$, $\vec{b}$ のなす角を求めよ．

47 $\triangle ABC$ において，辺 BC の中点を M とするとき，次の問いに答えよ．

(1) $\overrightarrow{AM}$, $\overrightarrow{BM}$ を $\overrightarrow{AB}$, $\overrightarrow{AC}$ を用いて表せ．

(2) 次の等式を証明せよ．

$$\left|\overrightarrow{AB}\right|^2 + \left|\overrightarrow{AC}\right|^2 = 2\left(\left|\overrightarrow{AM}\right|^2 + \left|\overrightarrow{BM}\right|^2\right)$$

例題 線分 AB または BA の延長上にあって，$AP : PB = m : n$ を満たす点 P（AB の**外分点**という）の位置ベクトルは次の式で表されることを証明せよ．

$$\overrightarrow{OP} = \frac{-n\overrightarrow{OA} + m\overrightarrow{OB}}{m - n} \quad (ただし，m \neq n)$$

解 条件より $\overrightarrow{BP} = \dfrac{n}{m}\overrightarrow{AP}$ $\therefore$ $m\overrightarrow{BP} = n\overrightarrow{AP}$

よって，$m(\overrightarrow{OP} - \overrightarrow{OB}) = n(\overrightarrow{OP} - \overrightarrow{OA})$ より

$(m - n)\overrightarrow{OP} = -n\overrightarrow{OA} + m\overrightarrow{OB}$

したがって $\overrightarrow{OP} = \dfrac{-n\overrightarrow{OA} + m\overrightarrow{OB}}{m - n}$ //

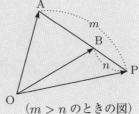

$(m > n$ のときの図$)$

48 次の点 P, Q の位置ベクトルを $\overrightarrow{OA}$, $\overrightarrow{OB}$ で表せ．また，A(1, 3)，B(4, −2) のとき，P, Q の座標を求めよ．

(1) 線分 AB を $5 : 2$ の比に外分する点 P

(2) 線分 AB を $3 : 4$ の比に外分する点 Q

例題 原点 O と 2 点 A, B について，$\angle AOB$ の二等分線のベクトル方程式は次の式で与えられることを証明せよ．

$$\overrightarrow{OP} = t\left(\frac{\overrightarrow{OA}}{|\overrightarrow{OA}|} + \frac{\overrightarrow{OB}}{|\overrightarrow{OB}|}\right)$$

ただし，$\overrightarrow{OA} \neq \vec{0}$, $\overrightarrow{OB} \neq \vec{0}$, $0 < \angle AOB < \pi$ とする．

解 $\dfrac{\overrightarrow{\mathrm{OA}}}{|\overrightarrow{\mathrm{OA}}|}$, $\dfrac{\overrightarrow{\mathrm{OB}}}{|\overrightarrow{\mathrm{OB}}|}$ はいずれも単位ベクトルだから,

これらのベクトルで定まる平行四辺形はひし形である.

したがって

$$\dfrac{\overrightarrow{\mathrm{OA}}}{|\overrightarrow{\mathrm{OA}}|} + \dfrac{\overrightarrow{\mathrm{OB}}}{|\overrightarrow{\mathrm{OB}}|}$$

は $\angle \mathrm{AOB}$ の二等分線の方向ベクトルである. //

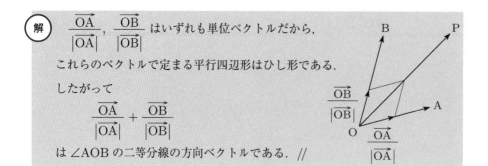

49 $\mathrm{OA} = 3$, $\mathrm{OB} = 2$ の三角形 OAB において, $\angle \mathrm{AOB}$ の二等分線と辺 AB の交点を P とするとき, $\mathrm{AP} : \mathrm{PB}$ を求めよ.

例題 三角形 OAB について, $\overrightarrow{\mathrm{OP}} = s\overrightarrow{\mathrm{OA}} + t\overrightarrow{\mathrm{OB}}$ で定まる点 P が三角形の内部（周を除く）にあるとき, s, t の条件を求めよ.

⋯⋯⋯⋯⋯⋯⋯⋯⋯⋯⋯⋯⋯⋯⋯⋯⋯⋯⋯⋯⋯⋯⋯⋯⋯⋯⋯⋯⋯⋯

解 P が三角形の内部にあるとき, 直線 OP と辺 AB との交点を Q とおくと

$$\overrightarrow{\mathrm{OQ}} = \dfrac{n\overrightarrow{\mathrm{OA}} + m\overrightarrow{\mathrm{OB}}}{m+n} \quad (m > 0,\ n > 0)$$

$$\overrightarrow{\mathrm{OP}} = k\overrightarrow{\mathrm{OQ}} \quad (0 < k < 1)$$

と表されるから

$$s = \dfrac{kn}{m+n},\ t = \dfrac{km}{m+n}$$

これから $s + t = k$

したがって, s, t について次の不等式が成り立つ.

$$s > 0,\ t > 0,\ 0 < s + t < 1 \qquad ①$$

逆に①を満たすとき, P は三角形 OAB の内部の点である. //

50 例題において, s, t が次の不等式を満たすとき, 点 P の存在範囲を図示せよ.

(1) $s > 0,\ t > 0,\ 0 < s + t < \dfrac{1}{2}$ (2) $s > 0,\ t > 0,\ 0 < 2s + t < 1$

(1) 例題の k を考えよ.
(2) $s' = 2s$, OA の中点を A′ とおくと
$$\overrightarrow{\mathrm{OP}} = s'\overrightarrow{\mathrm{OA'}} + t\overrightarrow{\mathrm{OB}}$$
$$0 < s' + t < 1$$

51 $\triangle \mathrm{ABC}$ と点 P について, $\overrightarrow{\mathrm{AP}} = \dfrac{2}{5}\overrightarrow{\mathrm{AB}} + \dfrac{1}{5}\overrightarrow{\mathrm{AC}}$ が成り立つとする. このとき, 次の問いに答えよ.

(1) 点 P は $\triangle \mathrm{ABC}$ のどの位置にあるか.

(2) 線分 AC と BP の延長線の交点を D, 線分 AB と CP の延長線の交点を E とするとき, 線分 AD と線分 DC の長さの比, および線分 AE と線分 EB の長さの比を求めよ.

$\overrightarrow{\mathrm{AB}}, \overrightarrow{\mathrm{AC}}$ が線形独立であることを用いよ.

(3) 線分 AP, BC, DE の中点をそれぞれ F, J, K とするとき, 3 点 F, J, K は一直線上にあることを証明せよ.

2 空間のベクトル

まとめ

● **空間座標とベクトルの成分**　$\mathrm{A}(a_1,\ a_2,\ a_3)$, $\mathrm{B}(b_1,\ b_2,\ b_3)$ とする.

$$\overrightarrow{\mathrm{OA}} = (a_1,\ a_2,\ a_3),\quad |\overrightarrow{\mathrm{OA}}| = \sqrt{a_1{}^2 + a_2{}^2 + a_3{}^2}$$

$$\overrightarrow{\mathrm{AB}} = (b_1 - a_1,\ b_2 - a_2,\ b_3 - a_3)$$

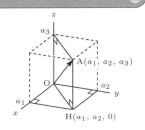

● **内積**

$$\vec{a} \cdot \vec{b} = |\vec{a}||\vec{b}|\cos\theta = a_1 b_1 + a_2 b_2 + a_3 b_3$$

$$\cos\theta = \frac{\vec{a} \cdot \vec{b}}{|\vec{a}||\vec{b}|} = \frac{a_1 b_1 + a_2 b_2 + a_3 b_3}{\sqrt{a_1{}^2 + a_2{}^2 + a_3{}^2}\sqrt{b_1{}^2 + b_2{}^2 + b_3{}^2}}$$

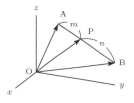

● **内分点の公式**

$$\overrightarrow{\mathrm{OP}} = \frac{n\overrightarrow{\mathrm{OA}} + m\overrightarrow{\mathrm{OB}}}{m + n}$$

● **直線の方程式**　点 $\mathrm{A}(x_0,\ y_0,\ z_0)$, 方向ベクトル $\vec{v} = (v_1,\ v_2,\ v_3)$

$$\circ\ \overrightarrow{\mathrm{OP}} = \overrightarrow{\mathrm{OA}} + t\vec{v} \iff \begin{cases} x = x_0 + v_1 t \\ y = y_0 + v_2 t \\ z = z_0 + v_3 t \end{cases}$$

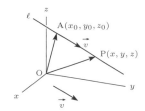

$\circ\ v_1 \neq 0,\ v_2 \neq 0,\ v_3 \neq 0$ のとき

$$\frac{x - x_0}{v_1} = \frac{y - y_0}{v_2} = \frac{z - z_0}{v_3}$$

○ 2 直線のなす角はそれぞれの方向ベクトルのなす角から求められる.

● **平面の方程式**　点 $\mathrm{A}(x_0,\ y_0,\ z_0)$, 法線ベクトル $\vec{n} = (a,\ b,\ c)$

$\circ\ \vec{n} \cdot (\overrightarrow{\mathrm{OP}} - \overrightarrow{\mathrm{OA}}) = 0 \iff a(x - x_0) + b(y - y_0) + c(z - z_0) = 0$

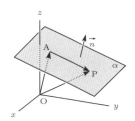

$\circ$ 点 A と平面 $ax + by + cz + d = 0$ との距離は　$\dfrac{|ax_0 + by_0 + cz_0 + d|}{\sqrt{a^2 + b^2 + c^2}}$

○ 2 平面のなす角はそれぞれの法線ベクトルのなす角から求められる.

● **球の方程式**　中心 $\mathrm{C}(x_0,\ y_0,\ z_0)$, 半径 r

$$|\overrightarrow{\mathrm{OP}} - \overrightarrow{\mathrm{OC}}| = r \iff (x - x_0)^2 + (y - y_0)^2 + (z - z_0)^2 = r^2$$

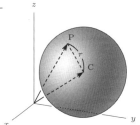

● **線形独立・線形従属**　$\vec{a} = \overrightarrow{\mathrm{OA}}$, $\vec{b} = \overrightarrow{\mathrm{OB}}$, $\vec{c} = \overrightarrow{\mathrm{OC}}$

$\circ\ \vec{a},\ \vec{b},\ \vec{c}$ が線形独立（点 O, A, B, C が同一平面上にない）

$$l\vec{a} + m\vec{b} + n\vec{c} = \vec{0} \iff l = 0,\ m = 0,\ n = 0$$

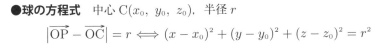

$$l\vec{a} + m\vec{b} + n\vec{c} = l'\vec{a} + m'\vec{b} + n'\vec{c} \iff l = l',\ m = m',\ n = n'$$

$\circ\ \vec{a},\ \vec{b},\ \vec{c}$ が線形従属（点 O, A, B, C が同一平面上にある）

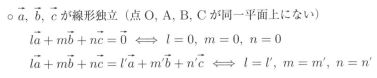

少なくとも 1 つは 0 でない $l,\ m,\ n$ により　$l\vec{a} + m\vec{b} + n\vec{c} = \vec{0}$

Basic
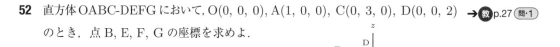

52 直方体 OABC-DEFG において, O(0, 0, 0), A(1, 0, 0), C(0, 3, 0), D(0, 0, 2) のとき, 点 B, E, F, G の座標を求めよ. →教 p.27 問・1

53 点 P(3, 1, 2) から各座標平面に垂線を引き, xy 平面, yz 平面, zx 平面との交点をそれぞれ Q, R, S とするとき, 点 Q, R, S の座標を求めよ. →教 p.28 問・2

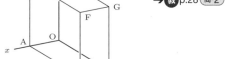

54 点 (1, −2, 3) と点 (2, 1, −1) の間の距離を求めよ. →教 p.28 問・3

55 点 (2, −5, −3) と点 (0, −1, z) の間の距離が 6 であるとき, z の値を求めよ. →教 p.28 問・4

56 $\vec{a} = (-1, 4, 1), \vec{b} = (1, -3, 0)$ のとき, 次のベクトルの成分表示と大きさを求めよ. →教 p.30 問・5

(1) $\vec{a} - \vec{b}$　　　　　　(2) $2\vec{a} + 3\vec{b}$

57 4 点 A(5, −1, 1), B(2, 3, −4), C(−2, 0, 3), D(1, −4, 8) があるとき, $\overrightarrow{AB}, \overrightarrow{CD}$ の成分表示を求めよ. また, 四角形 ABCD はどのような四角形か. →教 p.31 問・6

58 2 点 A(2, 7, −1) と B(−4, 1, 5) を結ぶ線分を次の比に内分する点の座標を求めよ. →教 p.31 問・7

(1) 1 : 2　　　　　　(2) 3 : 2

59 四面体 ABCD において, 点 A, B, C, D の位置ベクトルをそれぞれ $\vec{a}, \vec{b}, \vec{c}, \vec{d}$ とおくとき, 次の問いに答えよ. →教 p.31 問・8

(1) △BCD の重心 G の位置ベクトルを求めよ.

(2) 線分 AG を 3 : 1 の比に内分する点 P の位置ベクトルを求めよ.

60 次の 2 つのベクトルの内積を求めよ. →教 p.32 問・9

(1) $\vec{a} = (1, -2, 6), \vec{b} = (3, 2, 1)$　　(2) $\vec{a} = (4, 1, -5), \vec{b} = (2, -2, 3)$

61 次の 2 つのベクトルのなす角を求めよ. →教 p.33 問・10

(1) $\vec{a} = (2, 3, -1), \vec{b} = (-1, 2, -3)$ (2) $\vec{a} = (1, 0, -1), \vec{b} = (-2, 1, 1)$

62 $\vec{a} = (2, 1, 3)$ と $\vec{b} = (-1, 3, 2)$ の両方に直交する単位ベクトルを求めよ. →教 p.34 問・11

63 正四面体 OABC について, 底面 △ABC の重心を G とする. A, B, C の位置ベクトルを $\overrightarrow{OA} = \vec{a}, \overrightarrow{OB} = \vec{b}, \overrightarrow{OC} = \vec{c}$ とするとき, 次の問いに答えよ. →教 p.34 問・12

(1) $\overrightarrow{OG}$ を $\vec{a}, \vec{b}, \vec{c}$ で表せ.　　　(2) OG ⊥ AB であることを証明せよ.

64 次の直線の方程式を求めよ. → 教 p.35 問·13

(1) 点 $(1,\ 2,\ -1)$ を通り，ベクトル $\vec{v} = (2,\ -4,\ 5)$ に平行な直線

(2) 2 点 $(-3,\ 5,\ 1),\ (3,\ 4,\ 2)$ を通る直線

65 次の方程式で表される 2 直線のなす角を求めよ. → 教 p.36 問·14

$$\frac{x-3}{2} = \frac{y+1}{3} = \frac{z-5}{-1},\quad x+2 = \frac{y-4}{-2} = \frac{z+3}{3}$$

66 次の 2 直線 $\ell_1,\ \ell_2$ が垂直であるように，定数 k の値を定めよ. → 教 p.36 問·15

$$\ell_1 : \frac{x-2}{4} = \frac{y-4}{6} = \frac{z+1}{3}$$

$$\ell_2 : x = 1-3t,\ y = 5+kt,\ z = -3+2t \quad (t \text{ は実数})$$

67 次の平面の方程式を求めよ. → 教 p.39 問·16

(1) 点 $(1,\ 6,\ -1)$ を通り，ベクトル $\vec{n} = (2,\ -1,\ 4)$ に垂直な平面

(2) 点 $(-4,\ 3,\ 1)$ を通り，平面 $x+5y-2z = 1$ に平行な平面

(3) 3 点 $(1,\ 2,\ 3),\ (3,\ 4,\ 1),\ (0,\ 3,\ 8)$ を通る平面

68 2 平面 $2x+6y-3z+1 = 0,\ 4x-9y+z-3 = 0$ のなす角を求めよ. → 教 p.40 問·17

69 2 平面 $x+(k+1)y+5z-2 = 0,\ kx-4y+2z+1 = 0$ が垂直になるように → 教 p.40 問·18
定数 k の値を定めよ.

70 次の点と平面 $x-4y+3z+5 = 0$ との距離を求めよ. → 教 p.41 問·19

(1) 原点 　　　　　(2) 点 $(3,\ 1,\ -1)$ 　　　　(3) 点 $(1,\ -2,\ -6)$

71 次の球の方程式を求めよ. → 教 p.41 問·20

(1) 点 $(2,\ 4,\ -3)$ を中心とする半径 $\sqrt{5}$ の球 → 教 p.42 問·21

(2) 中心が原点で，点 $(3,\ -2,\ 1)$ を通る球

(3) 中心が点 $(-2,\ 1,\ 5)$ で，点 $(1,\ 0,\ 4)$ を通る球

(4) 2 点 $(2,\ -5,\ 3),\ (4,\ 3,\ 1)$ を直径の両端とする球

72 次の方程式で表される球の中心と半径を求めよ. → 教 p.42 問·22

(1) $x^2+y^2+z^2-4x-2y+8z-4 = 0$

(2) $x^2+y^2+z^2+6x-4z+5 = 0$

73 四面体 OABC と → 教 p.44 問·23

$$\overrightarrow{OG} = \frac{\overrightarrow{OA}+\overrightarrow{OB}+\overrightarrow{OC}}{4}$$

で定まる点 G について，直線 AG と △OBC の
交点 R の位置ベクトル $\overrightarrow{OR}$ を $\overrightarrow{OB},\ \overrightarrow{OC}$ で表せ.

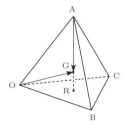

Check

74 $\vec{a} = (2, 3, -2), \vec{b} = (3, 5, -1)$ のとき，$3\vec{a} - \vec{b}$ の成分表示と大きさを求めよ．

75 4点 A$(1, 1, -1)$, B$(-1, 2, 1)$, C$(2, 1, 0)$, D(x, y, z) があるとき，$\overrightarrow{AB}$ の成分表示を求めよ．また，四角形 ABCD が平行四辺形となるように，x, y, z の値を定めよ．

76 A$(1, -2, 4)$, B$(2, 6, -3)$ を結ぶ線分を次の比に内分する点の座標を求めよ．

(1) $3 : 1$　　　　　　　　(2) $2 : 5$

77 直方体 ABCD-EFGH において，$\overrightarrow{AB} = \vec{b}$, $\overrightarrow{AD} = \vec{d}$,
$\overrightarrow{AE} = \vec{e}$ とおくとき，次の問いに答えよ．

(1) $\overrightarrow{BH}$ を $\vec{b}, \vec{d}, \vec{e}$ で表せ．

(2) 線分 BH を $1 : 2$ の比に内分する点を P とするとき，$\overrightarrow{AP}$ を $\vec{b}, \vec{d}, \vec{e}$ で表せ．

78 2つのベクトル $\vec{a} = (1, 2, -2), \vec{b} = (1, -1, 4)$ の内積となす角を求めよ．

79 $\vec{a} = (-1, 4, 3)$ と $\vec{b} = (5, -2, -3)$ の両方に直交する単位ベクトルを求めよ．

80 次の直線の方程式を求めよ．

(1) 点 $(2, 1, 4)$ を通り，ベクトル $\vec{v} = (3, 5, -1)$ に平行な直線

(2) 2点 $(0, 3, -4), (2, 0, -1)$ を通る直線

81 次の2直線が垂直であるように，定数 k の値を定めよ．
$$\frac{x+1}{2} = y - 5 = \frac{z-2}{-3}, \quad \frac{x-3}{-4} = \frac{y+2}{3} = \frac{z-1}{k}$$

82 次の平面の方程式を求めよ．

(1) 点 $(0, 1, 3)$ を通り，平面 $3x - 4y + z - 2 = 0$ に平行な平面

(2) 3点 $(1, -1, 2), (-2, 1, 3), (3, 1, 8)$ を通る平面

83 2平面 $x - y + 2z + 3 = 0, y - z + 2 = 0$ のなす角を求めよ．

84 次の球の方程式を求めよ．

(1) 中心が $(1, -3, -1)$ で，点 $(2, -5, 1)$ を通る球

(2) 2点 $(-2, 6, 3), (2, -2, -1)$ を直径の両端とする球

85 方程式 $x^2 + y^2 + z^2 - 6x + 2y - z + 8 = 0$ の表す球の中心と半径を求めよ．

86 四面体 OABC と $\overrightarrow{OP} = \dfrac{\overrightarrow{OA} + \overrightarrow{OB} - \overrightarrow{OC}}{3}$ で定まる点 P について，
直線 CP と △OAB の交点 Q の位置ベクトル $\overrightarrow{OQ}$ を $\overrightarrow{OA}, \overrightarrow{OB}$ で表せ．

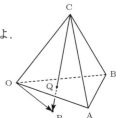

Step up

例題 2点 $(1, -3, 5)$, $(4, 1, 5)$ を通る直線の方程式を求めよ.

z 座標が同じであることに注意せよ

解 方向ベクトルは, $\vec{v} = (3, 4, 0)$ である. 媒介変数 t による直線の方程式は
$$x = 1 + 3t, \ y = -3 + 4t, \ z = 5$$
x, y から t を消去して, 直線の方程式は $\quad \dfrac{x-1}{3} = \dfrac{y+3}{4}, \ z = 5$ //

87 2点 $(1, -2, 6)$, $(1, 3, 4)$ を通る直線の方程式を求めよ.

例題 次の直線 ℓ と平面 α の交点の座標を求めよ.
$$\ell : \frac{x-3}{2} = \frac{y-1}{4} = \frac{z+2}{3}$$
$$\alpha : 3x - y + 2z + 4 = 0$$

解 直線 ℓ の方程式は $\quad x = 3 + 2t, \ y = 1 + 4t, \ z = -2 + 3t$ （t は実数） ①
①を平面 α の方程式に代入して
$$3(3 + 2t) - (1 + 4t) + 2(-2 + 3t) + 4 = 0 \quad \therefore \ t = -1$$
$t = -1$ を①に代入して, 求める交点の座標は $\quad (1, -3, -5)$ //

88 A$(-1, 4, 2)$, B$(2, 3, 7)$ のとき, 直線 AB と平面 $x + 3y - 2z = 2$ の交点の座標を求めよ.

89 座標空間内に, 点 D$(3, -4, 2)$ を通りベクトル $\vec{p} = (1, -1, 0)$ に平行な直線がある. さらに, 点 E$(5, -6, 4)$ を中心とした半径 6 の球がある. 直線と球との交点の座標を求めよ. （豊橋技科大）

90 平面 $2x + 4y - z = 3$ について, 点 $(2, 5, 0)$ と対称な点の座標を求めよ. （新潟大）

例題 2平面 $2x + y - z = -1$, $x + y - 2z = 1$ の交線の方程式を求めよ.

解 $2x + y = z - 1$, $x + y = 2z + 1$ を x, y について解くと
$$x = -z - 2, \ y = 3z + 3 \quad \therefore \ z = -x - 2, \ z = \frac{y-3}{3}$$
よって, 交線の方程式は $\quad \dfrac{x+2}{-1} = \dfrac{y-3}{3} = z$ //

91 次の問いに答えよ.

(1) 2平面 $x + 2y - z - 4 = 0$ と $x - y + 2z - 4 = 0$ の交線の方程式を求めよ.

(2) (1) の交線と点 $(0, 1, 0)$ を通る平面の方程式を求めよ. （都立大）

例題　3点 A, B, C について，$\overrightarrow{AB}$ と $\overrightarrow{AC}$ は平行でないとする．
　　　点 P が 3 点 A, B, C を通る平面上にあるとき

$$\overrightarrow{OP} = l\overrightarrow{OA} + m\overrightarrow{OB} + n\overrightarrow{OC} \quad (l + m + n = 1)$$

と表されることを証明せよ．

解　　A, B を通る直線および A, C を通る直線上にそ
れぞれ点 Q, R をとって，平行四辺形 AQPR を
作る．このとき

$$\overrightarrow{AQ} = m\overrightarrow{AB}, \quad \overrightarrow{AR} = n\overrightarrow{AC}$$

$$\overrightarrow{AP} = \overrightarrow{AQ} + \overrightarrow{AR} = m\overrightarrow{AB} + n\overrightarrow{AC}$$

これから　$\overrightarrow{OP} - \overrightarrow{OA} = m(\overrightarrow{OB} - \overrightarrow{OA}) + n(\overrightarrow{OC} - \overrightarrow{OA})$

したがって　$\overrightarrow{OP} = (1 - m - n)\overrightarrow{OA} + m\overrightarrow{OB} + n\overrightarrow{OC}$

$l = 1 - m - n$ とおけばよい． //

92　四面体 OABC において，OA を $1:2$ の比に内
　　　分する点，OB を $2:1$ の比に内分する点，OC
　　　を $2:1$ の比に内分する点をそれぞれ D, E, F と
　　　する．また，△ABC の重心を G とする．

(1) $\overrightarrow{OG}$ を $\overrightarrow{OA}$, $\overrightarrow{OB}$, $\overrightarrow{OC}$ を用いて表せ．

(2) 3 点 D, E, F を通る平面と線分 OG との交点を P とするとき，$\overrightarrow{OP}$ を
$\overrightarrow{OA}$, $\overrightarrow{OB}$, $\overrightarrow{OC}$ を用いて表せ．また，OP : PG を求めよ．

例題　$\vec{a} \neq \vec{0}, \vec{b} \neq \vec{0}$ のとき，次の不等式（**シュワルツの不等式**）を証明せよ．

$$|\vec{a} \cdot \vec{b}| \leqq |\vec{a}||\vec{b}|$$

また，等号が成り立つとき，$\vec{a}, \vec{b}$ はどのような関係にあるか．

解　　$\vec{a}$ と $\vec{b}$ のなす角を θ とおくと，内積の定義から　$\vec{a} \cdot \vec{b} = |\vec{a}||\vec{b}|\cos\theta$

両辺の絶対値をとり，$|\cos\theta| \leqq 1$ を用いると

$$|\vec{a} \cdot \vec{b}| = |\vec{a}||\vec{b}||\cos\theta| \leqq |\vec{a}||\vec{b}|$$

等号は $|\cos\theta| = 1$ すなわち $\vec{b} = k\vec{a}$ （k は実数）のときに限り成り立つ． //

$|\cos\theta| = 1$ のとき
　$\theta = 0, \pi$
よって，同一直線上にある．

●**注**····$\vec{a} = (a_1, a_2, a_3), \vec{b} = (b_1, b_2, b_3)$ のとき，シュワルツの不等式は

$$(a_1 b_1 + a_2 b_2 + a_3 b_3)^2 \leqq (a_1^2 + a_2^2 + a_3^2)(b_1^2 + b_2^2 + b_3^2)$$　と同値である．

93　ベクトル $\vec{a}, \vec{b}$ について，次の不等式 (**三角不等式**) を証明せよ．

(1) $|\vec{a} + \vec{b}| \leqq |\vec{a}| + |\vec{b}|$　　　　　(2) $\left||\vec{a}| - |\vec{b}|\right| \leqq |\vec{a} - \vec{b}|$

Plus

1——円のベクトル方程式

平面において，定点 C を中心とする半径 r の円周上の任意の点を P とするとき

$$\left|\overrightarrow{\mathrm{CP}}\right| = r \quad \text{すなわち} \quad \left|\overrightarrow{\mathrm{OP}} - \overrightarrow{\mathrm{OC}}\right| = r \tag{1}$$

が成り立つ．これを円のベクトル方程式という．

(1) の両辺を 2 乗して，さらに内積を用いると

$$\left|\overrightarrow{\mathrm{OP}} - \overrightarrow{\mathrm{OC}}\right|^2 = r^2 \tag{2}$$

$$\left(\overrightarrow{\mathrm{OP}} - \overrightarrow{\mathrm{OC}}\right) \cdot \left(\overrightarrow{\mathrm{OP}} - \overrightarrow{\mathrm{OC}}\right) = r^2 \tag{3}$$

が得られる．これらも円のベクトル方程式である．

例題 原点 O と定点 A に対し，$\left|\overrightarrow{\mathrm{OP}}\right| : \left|\overrightarrow{\mathrm{AP}}\right| = 2 : 1$ を満たす点 P は円を描くことを証明せよ．また，この円の中心の位置ベクトルと半径を求めよ．

解 $\left|\overrightarrow{\mathrm{OP}}\right| : \left|\overrightarrow{\mathrm{AP}}\right| = 2 : 1$ より $\left|\overrightarrow{\mathrm{OP}}\right| = 2\left|\overrightarrow{\mathrm{AP}}\right|$

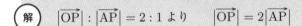

両辺を 2 乗して $\left|\overrightarrow{\mathrm{OP}}\right|^2 = 4\left|\overrightarrow{\mathrm{AP}}\right|^2$

$$\left|\overrightarrow{\mathrm{AP}}\right|^2 = \left(\overrightarrow{\mathrm{OP}} - \overrightarrow{\mathrm{OA}}\right) \cdot \left(\overrightarrow{\mathrm{OP}} - \overrightarrow{\mathrm{OA}}\right)$$
$$= \left|\overrightarrow{\mathrm{OP}}\right|^2 - 2\overrightarrow{\mathrm{OP}} \cdot \overrightarrow{\mathrm{OA}} + \left|\overrightarrow{\mathrm{OA}}\right|^2$$

したがって

$$\left|\overrightarrow{\mathrm{OP}}\right|^2 = 4\left|\overrightarrow{\mathrm{OP}}\right|^2 - 8\overrightarrow{\mathrm{OP}} \cdot \overrightarrow{\mathrm{OA}} + 4\left|\overrightarrow{\mathrm{OA}}\right|^2$$

変形して

$$\left|\overrightarrow{\mathrm{OP}}\right|^2 - \frac{8}{3}\overrightarrow{\mathrm{OP}} \cdot \overrightarrow{\mathrm{OA}} + \frac{4}{3}\left|\overrightarrow{\mathrm{OA}}\right|^2 = 0$$

$$\left(\overrightarrow{\mathrm{OP}} - \frac{4}{3}\overrightarrow{\mathrm{OA}}\right) \cdot \left(\overrightarrow{\mathrm{OP}} - \frac{4}{3}\overrightarrow{\mathrm{OA}}\right) - \frac{16}{9}\left|\overrightarrow{\mathrm{OA}}\right|^2 + \frac{4}{3}\left|\overrightarrow{\mathrm{OA}}\right|^2 = 0$$

これから

$$\left|\overrightarrow{\mathrm{OP}} - \frac{4}{3}\overrightarrow{\mathrm{OA}}\right|^2 = \frac{4}{9}\left|\overrightarrow{\mathrm{OA}}\right|^2$$

よって，点 P は中心の位置ベクトル $\frac{4}{3}\overrightarrow{\mathrm{OA}}$，半径 $\frac{2}{3}\left|\overrightarrow{\mathrm{OA}}\right|$ の円を描く． //

●**注**····OA を 2 : 1 の比に内分する点を Q，外分する点を R とすると，この円は線分 QR を直径とする円である．この円をアポロニウスの円という．

94 原点 O と A(3, 1) に対して，$\left|\overrightarrow{\mathrm{OP}}\right|^2 - 4\overrightarrow{\mathrm{OP}} \cdot \overrightarrow{\mathrm{OA}} + 2\left|\overrightarrow{\mathrm{OA}}\right|^2 = 0$ を満たす点 P は円を描くことを証明せよ．また，この円の中心の座標と半径を求めよ．

95 定点 A, B に対して，$\left|\overrightarrow{\mathrm{AP}}\right|^2 + \left|\overrightarrow{\mathrm{BP}}\right|^2 = \left|\overrightarrow{\mathrm{OA}}\right|^2 + \left|\overrightarrow{\mathrm{OB}}\right|^2$ を満たす点 P は円を描くことを証明し，その円の中心と半径を求めよ．

2──球面と平面の関係

球面と平面の関係は，円と直線の関係と同様に次の 3 つの場合がある．

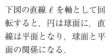

下図の直線 ℓ を軸として回転すると，円は球面に，直線は平面となり，球面と平面の関係になる．

（Ⅰ）球面と平面が交わる．

　　球の半径を a とし，平面に垂直で中心 C を

　　通る直線と平面の交点を H とすると

　　○ 交線は点 H を中心とする円となる．

　　○ 平面の法線ベクトルの 1 つは　$\overrightarrow{\mathrm{CH}}$

　　○ 円の半径は　　$r = \sqrt{a^2 - \mathrm{CH}^2}$

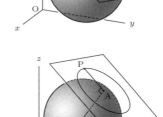

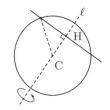

（Ⅱ）球面と平面が 1 点だけ共有する（接する）．

　　この平面を接平面という．

　　共有点を A とすると

　　○ 平面の法線ベクトルの 1 つは　$\overrightarrow{\mathrm{CA}}$

　　○ 平面上の任意の点 P について　$\mathrm{CP} \geqq a$

　　○ $\mathrm{CP} = a \Longleftrightarrow \mathrm{P}$ と A は同一点

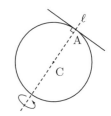

（Ⅲ）共有点が存在しない．

　　○ 平面上の任意の点 P に対して　$\mathrm{CP} > a$

96 方程式 $x^2 + y^2 + z^2 - 8x + 4y - 6z + 13 = 0$ で表される球の中心 C と平面 $x - 2y - z - 3 = 0$ との距離を求めよ．また，この球と平面は交わるか．

97 球 $x^2 + y^2 + z^2 - 2x - 2y = 11$ と平面 $2x + y + 2z = 12$ について，次の問いに答えよ．

(1) 球の中心 C を通り平面に垂直な直線の方程式を求めよ．

(2) (1) で求めた直線と平面との交点 H の座標を求めよ．

(3) 球と平面が交わってできる図形は中心が H の円になる．この円の半径 r の値を求めよ．

98 点 C を中心とする球面上の点 A における接平面を α とし，α 上の点を P とおく．次の問いに答えよ．

(1) A, C, P の位置ベクトルを $\vec{a}, \vec{c}, \vec{p}$ とおくとき，α のベクトル方程式は $(\vec{c} - \vec{a}) \cdot (\vec{p} - \vec{a}) = 0$ で与えられることを証明せよ．

(2) A, C, P の座標を (a_1, a_2, a_3), (c_1, c_2, c_3), (x, y, z) とおくとき，α の方程式は $(c_1 - a_1)(x - a_1) + (c_2 - a_2)(y - a_2) + (c_3 - a_3)(z - a_3) = 0$ で与えられることを証明せよ．

3——連立 1 次方程式とベクトル

連立 1 次方程式における式変形は，次のように整理して考えることができる．

$$\begin{cases} x + 2y - z = 2 & ① \\ 2x + 5y - 3z = 3 & ② \\ 3x - 2y + 2z = 5 & ③ \end{cases} \xrightarrow[③ - 3 \times ①]{② - 2 \times ①} \begin{cases} x + 2y - z = 2 & ④ \\ y - z = -1 & ⑤ \\ -8y + 5z = -1 & ⑥ \end{cases}$$

$$\xrightarrow[⑥ + 8 \times ⑤]{} \begin{cases} x + 2y - z = 2 & ⑦ \\ y - z = -1 & ⑧ \\ -3z = -9 & ⑨ \end{cases} \xrightarrow[⑨ \div (-3)]{\begin{array}{c} x = 2 - 2y + z \\ y = -1 + z \end{array}} \begin{cases} x = 1 \\ y = 2 \\ z = 3 \end{cases}$$

よって，連立 1 次方程式の解は $x = 1$, $y = 2$, $z = 3$ である．

上記において，1 段目の式 ①，④，⑦ は変わっていない．このような解法については第 2 章でさらに詳しく学ぶこととし，ここでは上記の手順でベクトルや図形に関する問題を扱う．

> **例題** 次のベクトルの組が線形独立かどうか調べよ．
>
> (1) $\vec{a} = (1, 2, 4)$, $\vec{b} = (2, 5, 7)$, $\vec{c} = (-3, -1, -8)$
>
> (2) $\vec{a} = (1, 1, 0)$, $\vec{b} = (-1, 0, 1)$, $\vec{c} = (1, 2, 1)$

解 $l\vec{a} + m\vec{b} + n\vec{c} = \vec{0}$ とおく．

(1) $\vec{a}, \vec{b}, \vec{c}$ の成分表示から，連立 1 次方程式は次のようになる．

$$\begin{cases} l + 2m - 3n = 0 & ① \\ 2l + 5m - n = 0 & ② \\ 4l + 7m - 8n = 0 & ③ \end{cases} \xrightarrow[③ - 4 \times ①]{② - 2 \times ①} \begin{cases} l + 2m - 3n = 0 & ④ \\ m + 5n = 0 & ⑤ \\ -m + 4n = 0 & ⑥ \end{cases}$$

$$\xrightarrow[⑥ + 1 \times ⑤]{} \begin{cases} l + 2m - 3n = 0 & ⑦ \\ m + 5n = 0 & ⑧ \\ 9n = 0 & ⑨ \end{cases} \xrightarrow[n = 0]{\begin{array}{c} l = -2m + 3n \\ m = -5n \end{array}} \begin{cases} l = 0 \\ m = 0 \\ n = 0 \end{cases}$$

$l = m = n = 0$ が成立するから，線形独立である．

(2) (1) と同様にして，連立 1 次方程式は次のようになる．

$$\begin{cases} l - m + n = 0 & ① \\ l + 2n = 0 & ② \\ m + n = 0 & ③ \end{cases} \xrightarrow{② - 1 \times ①} \begin{cases} l - m + n = 0 & ④ \\ m + n = 0 & ⑤ \\ m + n = 0 & ⑥ \end{cases}$$

$$\xrightarrow[⑥ - 1 \times ⑤]{} \begin{cases} l - m + n = 0 & ⑦ \\ m + n = 0 & ⑧ \\ 0 = 0 & ⑨ \end{cases} \xrightarrow[n = k \text{ とおく}]{\begin{array}{c} l = m - n \\ m = -n \end{array}} \begin{cases} l = -2k \\ m = -k \\ n = k \end{cases}$$

$$(k \text{ は任意の数})$$

$l = m = n = 0$ 以外の解も存在するから，線形従属である． //

99 次のベクトルの組が線形独立かどうか調べよ.

(1) $\vec{a} = (1,\ 2,\ -1),\ \vec{b} = (3,\ 5,\ 2),\ \vec{c} = (4,\ 1,\ -3)$

(2) $\vec{a} = (2,\ 2,\ -4),\ \vec{b} = (1,\ 3,\ -3),\ \vec{c} = (3,\ -5,\ -2)$

例題 次の2直線の交点が存在するかどうか調べよ.

(1) $x - 3 = \dfrac{y-5}{3} = \dfrac{z-6}{2},\quad \dfrac{x+2}{2} = \dfrac{y-4}{-1} = z - 2$

(2) $x - 1 = \dfrac{y+1}{3} = \dfrac{z+1}{-1},\quad x + 1 = \dfrac{y}{3} = \dfrac{z-3}{-1}$

(3) $x - 2 = \dfrac{y-2}{3} = \dfrac{z-1}{2},\quad \dfrac{x-3}{2} = \dfrac{y+2}{-1} = \dfrac{z-6}{5}$

解 (1) 媒介変数表示すると

$$x = 3 + s,\ y = 5 + 3s,\ z = 6 + 2s \quad (s\ は媒介変数)$$

$$x = -2 + 2t,\ y = 4 - t,\ z = 2 + t \quad (t\ は媒介変数)$$

交点が存在すると仮定して

$$3 + s = -2 + 2t,\ 5 + 3s = 4 - t,\ 6 + 2s = 2 + t$$

連立1次方程式は次のようになる.

$$\begin{cases} s - 2t = -5 & ① \\ 3s + t = -1 & ② \\ 2s - t = -4 & ③ \end{cases} \xrightarrow[\;③ - 2 \times ①\;]{② - 3 \times ①} \begin{cases} s - 2t = -5 & ④ \\ 7t = 14 & ⑤ \\ 3t = 6 & ⑥ \end{cases}$$

$$\xrightarrow[\;⑥ \div 3\;]{⑤ \div 7} \begin{cases} s - 2t = -5 & ⑦ \\ t = 2 & ⑧ \\ t = 2 & ⑨ \end{cases} \xrightarrow[\;⑧⑨\ t = 2\ で一致\;]{s = 2t - 5 = -1} \begin{cases} s = -1 \\ t = 2 \end{cases}$$

連立1次方程式の解が存在するから,2直線の交点が存在する.

$s = -1,\ t = 2$ より,交点の座標は $(2,\ 2,\ 4)$ である.

(2) (1)と同様に,交点が存在すると仮定して,連立1次方程式を解く.

$$\begin{cases} s - t = -2 & ① \\ 3s - 3t = 1 & ② \\ -s + t = 4 & ③ \end{cases} \xrightarrow[\;\;]{② - 3 \times ①} \begin{cases} s - t = -2 & ④ \\ 0 = 7 & ⑤ \\ -s + t = 4 & ⑥ \end{cases}$$

⑤が成り立たないから,解が存在しない.

したがって,2直線は交点をもたない.

(3) (1)と同様に,交点が存在すると仮定して,連立1次方程式を解く.

$$\begin{cases} s - 2t = 1 & ① \\ 3s + t = -4 & ② \\ 2s - 5t = 5 & ③ \end{cases} \xrightarrow[\;③ - 2 \times ①\;]{② - 3 \times ①} \begin{cases} s - 2t = 1 & ④ \\ 7t = -7 & ⑤ \\ -t = 3 & ⑥ \end{cases}$$

$$\xrightarrow[\;⑥ \times (-1)\;]{⑤ \div 7} \begin{cases} s - 2t = 1 & ⑦ \\ t = -1 & ⑧ \\ t = -3 & ⑨ \end{cases}$$

⑧，⑨で t が異なるから，解が存在しない.

したがって，2 直線は交点をもたない. //

●**注**‥‥ (2) について，方向ベクトルが平行だから，2 直線は平行である．また (3) については，方向ベクトルが平行でないから，2 直線はねじれの位置にある.

100 次の 2 直線の交点が存在するかどうか調べよ.

(1) $x - 1 = \dfrac{y - 4}{-1} = \dfrac{z + 6}{3}$, $\quad \dfrac{x - 7}{3} = \dfrac{y + 1}{-2} = \dfrac{z - 2}{-1}$

(2) $\dfrac{x - 1}{2} = \dfrac{y - 2}{-1} = z + 4$, $\quad \dfrac{x - 3}{4} = \dfrac{y - 5}{2} = z - 2$

(3) $\dfrac{x + 3}{2} = y - 1 = z + 4$, $\quad \dfrac{x}{4} = \dfrac{y - 1}{2} = \dfrac{z + 6}{2}$

4──いろいろな問題

101 線分 AB について，次の等式を満たす点 P はどのような点であるか．ただし，$\overrightarrow{OP}$ を $\overrightarrow{OA}$, $\overrightarrow{OB}$ で表せ. O は原点とする.

(1) $\overrightarrow{OA} + 2\overrightarrow{OB} - 3\overrightarrow{OP} = \vec{0}$ 　　　(2) $\overrightarrow{AP} + \overrightarrow{BP} = \vec{0}$

(3) $2\overrightarrow{AP} + 3\overrightarrow{BP} = \vec{0}$ 　　　(4) $\overrightarrow{AP} + \overrightarrow{BP} + 2\overrightarrow{AB} = \vec{0}$

102 3 点 A(2, 3, 4), B(6, 2, 5), C(1, 7, 3) について，次の問いに答えよ.

(1) $\overrightarrow{AB}$ と $\overrightarrow{AC}$ のなす角を求めよ. 　　　(2) 三角形 ABC の面積を求めよ.

103 空間内の 3 点 A(12, 12, 0), B(0, 12, 12), C(12, 0, 12) について，次の問いに答えよ.

(1) 三角形 ABC の重心 G の座標を求めよ.

(2) 重心 G を中心とする半径 4 の球面の方程式を求めよ.

(3) 上の (2) で求めた球面の半径が 4 から毎秒 2 で増加するとき，球面が原点 O(0, 0, 0) に達するまでの時間を求めよ. 　　　(岩手大)

2章 行列

1 行列

●単位行列 E と零行列 O

E：正方行列で対角成分がすべて 1，それ以外の成分が 0，　O：すべての成分が 0

●行列の加法と数との積　A, B, C は $m \times n$ 行列，k, l は実数

- $A = (a_{ij})$, $B = (b_{ij})$ のとき　$A + B = (a_{ij} + b_{ij})$, $kA = (ka_{ij})$

- $A + B = B + A$,　　$(A + B) + C = A + (B + C)$

- $k(A + B) = kA + kB$,　$(k + l)A = kA + lA$,　$(kl)A = k(lA)$

●行列の積

- $m \times n$ 行列 $A = (a_{ik})$ と $n \times l$ 行列 $B = (b_{kj})$ について

$$AB = (c_{ij}) \text{ は } m \times l \text{ 行列で} \quad c_{ij} = \sum_{k=1}^{n} a_{ik} b_{kj}$$

- 和と積が意味をもつ行列 A, B, C と実数 k について

$$(AB)C = A(BC), \quad A(B+C) = AB+AC, \quad (A+B)C = AC+BC$$

$$k(AB) = (kA)B = A(kB), \quad AE = EA = A, \quad AO = OA = O$$

●いろいろな行列

- 対角行列　　正方行列で対角成分以外の成分が 0

- 転置行列 ${}^{t}A$　$m \times n$ 行列 A について行と列を交換した $n \times m$ 行列

  ${}^{t}({}^{t}A) = A$, ${}^{t}(kA) = k\,{}^{t}A$ （k は任意の数），${}^{t}(A+B) = {}^{t}A + {}^{t}B$, ${}^{t}(AB) = {}^{t}B\,{}^{t}A$

- 対称行列　　${}^{t}A = A$ を満たす行列

- 交代行列　　${}^{t}A = -A$ を満たす行列

- 逆行列 A^{-1}　$AX = E$, $XA = E$ を満たす行列 X

  行列 A の逆行列が存在するとき，A は正則であるという．

  $A = \begin{pmatrix} a & b \\ c & d \end{pmatrix}$ は $ad - bc \neq 0$ のとき正則で

  $$A^{-1} = \frac{1}{ad - bc} \begin{pmatrix} d & -b \\ -c & a \end{pmatrix}$$

  A, B が正則であるとき　$(AB)^{-1} = B^{-1}A^{-1}$

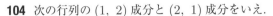

Basic

104 次の行列の $(1, 2)$ 成分と $(2, 1)$ 成分をいえ. → 教 p.50 問·1

(1) $\begin{pmatrix} 4 & -5 \\ 1 & -7 \end{pmatrix}$ (2) $\begin{pmatrix} 5 & 6 & 1 \\ 0 & 2 & -7 \end{pmatrix}$

105 次の等式を満たす a, b, c, d の値を求めよ. → 教 p.51 問·2

$$\begin{pmatrix} a-b & 3c-2d \\ 4a-5b & 2c-d \end{pmatrix} = \begin{pmatrix} 1 & 0 \\ 1 & 1 \end{pmatrix}$$

106 次の計算をせよ. → 教 p.53 問·3 問·4

(1) $\begin{pmatrix} 4 & 1 \\ 0 & -2 \end{pmatrix} + \begin{pmatrix} 5 & 3 \\ -2 & -4 \end{pmatrix}$ (2) $\begin{pmatrix} -2 & 4 \\ -5 & 1 \end{pmatrix} + \begin{pmatrix} -4 & 1 \\ 3 & 2 \end{pmatrix}$

(3) $\begin{pmatrix} 2 & 0 & 1 \\ 2 & 3 & 4 \end{pmatrix} + \begin{pmatrix} 2 & 4 & 0 \\ 3 & -1 & 2 \end{pmatrix}$ (4) $\begin{pmatrix} 3 \\ 4 \end{pmatrix} + \begin{pmatrix} 4 \\ 1 \end{pmatrix}$

(5) $\begin{pmatrix} 3 \\ 2 \end{pmatrix} + \begin{pmatrix} 4 \\ -1 \end{pmatrix} + \begin{pmatrix} -5 \\ 3 \end{pmatrix}$ (6) $\begin{pmatrix} 1 & 4 & 5 \end{pmatrix} + \begin{pmatrix} 3 & 1 & -1 \end{pmatrix}$

107 次の等式を満たす x, y, z, w の値を求めよ. → 教 p.53 問·5

$$\begin{pmatrix} 3x-1 & 4 \\ z-1 & 4 \end{pmatrix} + \begin{pmatrix} 1 & -y+2 \\ 2z+1 & 2w \end{pmatrix} = \begin{pmatrix} 6 & 1 \\ z+4 & w+1 \end{pmatrix}$$

108 $A = \begin{pmatrix} 4 & -1 \\ 1 & 3 \end{pmatrix}$, $B = \begin{pmatrix} 2 & 1 \\ -2 & -3 \end{pmatrix}$, $C = \begin{pmatrix} 3 & -2 \\ 2 & -5 \end{pmatrix}$ のとき, 次の計算を → 教 p.53 問·6　→ 教 p.54 問·7

せよ.

(1) $A - B$ (2) $B - A$ (3) $A + B - C$

109 $A = \begin{pmatrix} 3 & 2 \\ 4 & 1 \end{pmatrix}$, $B = \begin{pmatrix} 1 & -1 \\ 2 & -3 \end{pmatrix}$ で, k を定数とする. $k(A+B)$ と $kA+kB$

をそれぞれ計算し, $k(A+B) = kA+kB$ となることを確かめよ. → 教 p.54 問·8

110 $A = \begin{pmatrix} 4 & -5 \\ 5 & 0 \\ -1 & 2 \end{pmatrix}$, $B = \begin{pmatrix} 3 & -2 \\ 2 & 3 \\ 1 & 0 \end{pmatrix}$ のとき, 次の行列を求めよ. → 教 p.55 問·9

(1) $2A + 3B$ (2) $(3A + 2B) - (5B - A)$

(3) $4(B - A) - 3(2B - A)$ (4) $\dfrac{1}{6}(A + 2B) + \dfrac{1}{3}(A - B)$

111 $A = \begin{pmatrix} 1 & 4 & 0 \\ 4 & -2 & 1 \end{pmatrix}$, $B = \begin{pmatrix} 3 & 3 & -1 \\ -5 & 5 & -2 \end{pmatrix}$ のとき，次の等式を満たす行列 X →教p.55問·10
を求めよ．

$$X + 3A - 2B = -2X + 4A$$

112 次の計算をせよ． →教p.59問·11

(1) $\begin{pmatrix} 4 & 1 \\ 3 & 1 \end{pmatrix}\begin{pmatrix} 3 & 1 \\ 2 & 3 \end{pmatrix}$
　　　　　　(2) $\begin{pmatrix} -3 & -2 \\ 4 & 1 \end{pmatrix}\begin{pmatrix} 1 & -2 \\ -5 & 0 \end{pmatrix}$

(3) $\begin{pmatrix} 4 & -5 \end{pmatrix}\begin{pmatrix} -3 & 3 \\ 0 & 2 \end{pmatrix}$
　　　　　　(4) $\begin{pmatrix} 0 & 1 \\ 5 & -3 \end{pmatrix}\begin{pmatrix} 3 \\ 2 \end{pmatrix}$

(5) $\begin{pmatrix} 1 & 0 \\ -2 & -2 \\ -1 & 2 \end{pmatrix}\begin{pmatrix} 0 & 1 & -2 \\ 3 & 1 & 1 \end{pmatrix}$
　　　　(6) $\begin{pmatrix} -1 & 5 \\ 0 & 3 \end{pmatrix}\begin{pmatrix} 3 & -3 & 5 \\ 2 & 1 & 3 \end{pmatrix}$

113 $A = \begin{pmatrix} -1 & 0 \\ 2 & 2 \end{pmatrix}$, $B = \begin{pmatrix} -2 & 1 \\ -3 & -3 \end{pmatrix}$, $C = \begin{pmatrix} 1 & -4 \\ -2 & 4 \end{pmatrix}$ とする．$(AB)C$ と →教p.60問·12
$A(BC)$ をそれぞれ計算し，$(AB)C = A(BC)$ となることを確かめよ．

114 $A = \begin{pmatrix} 1 & 4 \\ 1 & -1 \end{pmatrix}$ のとき，A^2, A^3 を求めよ． →教p.61問·13

115 $A = \begin{pmatrix} 1 & 1 \\ 3 & 2 \end{pmatrix}$, $B = \begin{pmatrix} 0 & 0 \\ 1 & 1 \end{pmatrix}$ のとき，次の計算をせよ． →教p.61問·14

(1) $(A + B)^2$　　　　(2) $A^2 + 2AB + B^2$　　　(3) $(AB)^2$

(4) $A^2 B^2$　　　　　(5) $A^2 B$　　　　　　(6) ABA

116 $A = \begin{pmatrix} 3 & 2 \\ 0 & 0 \end{pmatrix}$, $B = \begin{pmatrix} 0 & 1 \\ 0 & 3 \end{pmatrix}$ のとき，次の計算をせよ． →教p.62問·15

(1) AB　　　　　　　　　　(2) BA

117 $A = \begin{pmatrix} 1 & -1 \\ -2 & 2 \end{pmatrix}$, $B = \begin{pmatrix} -1 & 4 \\ 2 & 5 \end{pmatrix}$, $C = \begin{pmatrix} -1 & -1 \\ 2 & 0 \end{pmatrix}$ のとき，次の計算を →教p.62問·16
せよ．

(1) AB　　　　　　　　　　(2) AC

118 $A = \begin{pmatrix} a & b \\ 0 & d \end{pmatrix}$ のとき，$A^2 = O$ となるための a, b, d の条件を求めよ． →教p.62問·17

119 次の行列 A, B, C の転置行列をつくれ. →教p.62問·18

(1) $A = \begin{pmatrix} -8 & -4 \\ 5 & 3 \end{pmatrix}$　　(2) $B = \begin{pmatrix} 4 & 1 \\ 2 & 0 \\ 5 & 3 \end{pmatrix}$　　(3) $C = \begin{pmatrix} 6 & -1 & 3 \end{pmatrix}$

120 $A = \begin{pmatrix} 2 & 3 \\ 3 & 1 \end{pmatrix}$, $B = \begin{pmatrix} 1 & -4 \\ 1 & 0 \end{pmatrix}$ のとき，次の計算をせよ. →教p.63問·19問·20

(1) ${}^tA + {}^tB$　　　(2) ${}^t(AB)$　　　(3) ${}^tB\,{}^tA$　　　(4) ${}^tA\,{}^tB$

121 3 次の正方行列 $A = \begin{pmatrix} 3 & 5 & -7 \\ a & -2 & b \\ c & 1 & 4 \end{pmatrix}$, $B = \begin{pmatrix} x & y & 3 \\ -1 & 0 & z \\ w & -2 & 0 \end{pmatrix}$ とする. →教p.64問·21

(1) A が対称行列のとき，a, b, c の値を求めよ.

(2) B が交代行列のとき，x, y, z, w の値を求めよ.

122 A が対称行列ならば，A^2 も対称行列であることを証明せよ. →教p.64問·22

123 次の行列は正則であるか. 正則のときはその逆行列を求めよ. →教p.67問·23

(1) $\begin{pmatrix} 5 & 0 \\ 0 & 2 \end{pmatrix}$　　　　(2) $\begin{pmatrix} 5 & -1 \\ -2 & 1 \end{pmatrix}$　　　　(3) $\begin{pmatrix} -2 & 1 \\ 6 & -3 \end{pmatrix}$

124 $A = \begin{pmatrix} 3 & 0 \\ 2 & -1 \end{pmatrix}$, $B = \begin{pmatrix} 3 & -1 \\ -1 & 2 \end{pmatrix}$ のとき，次の問いに答えよ. →教p.68問·24

(1) $AX = B$ を満たす行列 X を求めよ.

(2) $YB = A$ を満たす行列 Y を求めよ.

125 $A = \begin{pmatrix} 0 & 2 \\ 3 & -1 \end{pmatrix}$, $B = \begin{pmatrix} 5 & -3 \\ 2 & -1 \end{pmatrix}$ のとき，次の行列を求めよ. →教p.68問·25

(1) $(AB)^{-1}$　　　　(2) $B^{-1}A^{-1}$　　　　(3) $A^{-1}B^{-1}$

Check

126 次の等式を満たす a, b, c, d の値を求めよ.

$$\begin{pmatrix} 3a & 3a+2b \\ 2c-d & d+7 \end{pmatrix} = \begin{pmatrix} 2a+1 & b-2 \\ d-2 & c+2d \end{pmatrix}$$

127 $A = \begin{pmatrix} 3 & 2 \\ 0 & -4 \\ 1 & -3 \end{pmatrix}$, $B = \begin{pmatrix} 1 & 5 \\ 2 & 0 \\ 4 & 3 \end{pmatrix}$, $C = \begin{pmatrix} -3 & 4 \\ 1 & -6 \\ 0 & -1 \end{pmatrix}$ のとき，次の計算を

せよ.

(1) $A+2B-C$ 　　　　　　(2) $2(A+2B)-3(A+B-C)$

128 $A = \begin{pmatrix} 1 & 0 & 1 \\ 2 & 5 & -2 \end{pmatrix}$, $B = \begin{pmatrix} 0 & 5 & 3 \\ -1 & -3 & 4 \end{pmatrix}$ のとき，次の等式を満たす行列 X

を求めよ.

(1) $5X-A=2B+3X$ 　　　　(2) $A+3B+X=2(X-A+B)$

129 次の行列の積を求めよ.

(1) $\begin{pmatrix} 3 & -1 \end{pmatrix} \begin{pmatrix} 2 & 3 & 4 \\ -3 & -1 & 3 \end{pmatrix}$ 　　　(2) $\begin{pmatrix} 3 \\ 2 \end{pmatrix} \begin{pmatrix} 2 & -3 & -1 \end{pmatrix}$

(3) $\begin{pmatrix} 4 & -3 \\ 2 & 4 \end{pmatrix} \begin{pmatrix} 3 \\ 2 \end{pmatrix}$ 　　　　　(4) $\begin{pmatrix} 3 & -1 \\ 4 & -5 \end{pmatrix} \begin{pmatrix} 2 & -3 \\ -1 & 0 \end{pmatrix}$

130 $A = \begin{pmatrix} 2 & -4 \\ 1 & 3 \end{pmatrix}$, $B = \begin{pmatrix} 1 & 2 \\ -2 & 0 \end{pmatrix}$ のとき，次の計算をせよ.

(1) ${}^{t}A+{}^{t}B$ 　　(2) ${}^{t}(AB)$ 　　(3) ${}^{t}B\,{}^{t}A$ 　　(4) ${}^{t}A\,{}^{t}B$

131 $A = \begin{pmatrix} 3 & 1 \\ 1 & -2 \end{pmatrix}$, $B = \begin{pmatrix} 0 & -2 \\ 2 & 0 \end{pmatrix}$, $C = \begin{pmatrix} 0 & 0 \\ 0 & 0 \end{pmatrix}$, $D = \begin{pmatrix} 1 & 0 \\ 0 & 1 \end{pmatrix}$

のとき，次にあてはまるものはどれか.

(1) 単位行列　　　　(2) 対称行列　　　　(3) 交代行列

(4) 対角行列　　　　(5) 正則行列　　　　(6) 零行列

132 A が交代行列ならば，A^2 は対称行列であることを証明せよ.

133 $A = \begin{pmatrix} 1 & -2 \\ 3 & -4 \end{pmatrix}$, $B = \begin{pmatrix} 3 & -2 \\ -1 & 1 \end{pmatrix}$ のとき，次の行列を求めよ.

(1) $(AB)^{-1}$ 　　　　　(2) $B^{-1}A^{-1}$ 　　　　　(3) $A^{-1}B^{-1}$

Step up

例題 $A = \begin{pmatrix} a & 0 \\ 0 & b \end{pmatrix}$ のとき, $A^n = \begin{pmatrix} a^n & 0 \\ 0 & b^n \end{pmatrix}$ であることを証明せよ.

ただし, n は自然数とする.

解　数学的帰納法で証明する.

(ⅰ) $n = 1$ のとき成り立つ.

(ⅱ) $n = k$ のとき成り立つと仮定すると

$$A^k = \begin{pmatrix} a^k & 0 \\ 0 & b^k \end{pmatrix}$$

両辺に右から A を掛けて

$$A^{k+1} = \begin{pmatrix} a^k & 0 \\ 0 & b^k \end{pmatrix}\begin{pmatrix} a & 0 \\ 0 & b \end{pmatrix} = \begin{pmatrix} a^{k+1} & 0 \\ 0 & b^{k+1} \end{pmatrix}$$

したがって $n = k+1$ のときも成り立つ.

(ⅰ), (ⅱ) より, すべての自然数 n について成り立つ. //

134 $A = \begin{pmatrix} 1 & 0 \\ 2 & 1 \end{pmatrix}$ とするとき, 次の問いに答えよ.

(1) A^2, A^3 を求め, A^n を表す行列を推定せよ. (n は自然数)

(2) 前問の推定が正しいことを, 数学的帰納法で証明せよ.

例題 行列 A, B が正則であるとき, 次の等式を証明せよ.

(1) $(B^{-1}AB)^2 = B^{-1}A^2B$ 　　　　(2) $(B^{-1}AB)^{-1} = B^{-1}A^{-1}B$

(3) $(B^{-1}AB)^n = B^{-1}A^nB$ (n は自然数)

解　(1) 左辺 $= (B^{-1}AB)(B^{-1}AB) = B^{-1}A(BB^{-1})AB = B^{-1}A^2B =$ 右辺

(2) 左辺 $= \left((B^{-1}A)B\right)^{-1} = B^{-1}(B^{-1}A)^{-1} = B^{-1}A^{-1}(B^{-1})^{-1}$

$\qquad = B^{-1}A^{-1}B =$ 右辺

(3) 左辺 $= (B^{-1}AB)(B^{-1}AB)\cdots(B^{-1}AB)$

$\qquad = B^{-1}A(BB^{-1})AB\cdots B^{-1}AB = B^{-1}A^nB =$ 右辺 //

135 $A = \begin{pmatrix} 2 & 0 \\ 0 & 1 \end{pmatrix}$, $B = \begin{pmatrix} 3 & -1 \\ 5 & -2 \end{pmatrix}$ のとき, 次の行列を求めよ.

(1) BAB^{-1} 　　　　　　　　　　(2) $(BAB^{-1})^n$ (n は自然数)

> **例題** 任意の正方行列は対称行列と交代行列の和で表されることを証明せよ.

....

解 正方行列 A に対して $X = \frac{1}{2}(A + {}^tA),\ Y = \frac{1}{2}(A - {}^tA)$ とおくと

$${}^tX = \frac{1}{2}({}^tA + {}^t({}^tA)) = \frac{1}{2}({}^tA + A) = X$$

$${}^tY = \frac{1}{2}({}^tA - {}^t({}^tA)) = \frac{1}{2}({}^tA - A) = -\frac{1}{2}(A - {}^tA) = -Y$$

これから X は対称行列, Y は交代行列である. また

$$X + Y = \frac{1}{2}A + \frac{1}{2}{}^tA + \frac{1}{2}A - \frac{1}{2}{}^tA = A$$

//

136 次の行列を対称行列と交代行列の和で表せ.

$$(1)\ \begin{pmatrix} 5 & 3 & 1 \\ 7 & 5 & 3 \\ 8 & 2 & 6 \end{pmatrix} \quad (埼玉大) \qquad (2)\ \begin{pmatrix} 1 & -5 & -1 \\ 1 & -4 & -1 \\ -1 & 3 & 1 \end{pmatrix}$$

> **例題** A を n 次正方行列, E を n 次単位行列とするとき, 次の問いに答えよ.
> ただし, 零行列 O は n 次正方行列で, n は 2 以上の整数とする.
> (1) $A^2 - 2A + E = O$ のとき, $A - E$ は正則でないことを示せ.
> (2) $A^2 - 2A + E = O$ のとき, $A - 2E$ は正則であることを示せ.
> (3) $A^3 - 3A^2 + A + E = O$ のとき, $A - 2E$ の逆行列を $A^2,\ A,\ E$ の式として表せ.
>
> (大阪府立大改)

....

解 (1) $A^2 - 2A + E = (A - E)^2 = O$

$A - E$ が正則と仮定して, 両辺に $(A - E)^{-1}$ を掛けると　$A - E = O$

これは正則であることに反するから, $A - E$ は正則でない.

(2) $-(A^2 - 2A) = E$ より　$(-A)(A - 2E) = (A - 2E)(-A) = E$

したがって, $A - 2E$ は正則である.

(3) 多項式 $x^3 - 3x^2 + x + 1$ を $x - 2$ で割ると

　　商　$x^2 - x - 1$, 余り　-1

となるから

$$x^3 - 3x^2 + x + 1 = (x - 2)(x^2 - x - 1) - 1$$

これより　$A^3 - 3A^2 + A + E = (A - 2E)(A^2 - A - E) - E$

同様に　　$A^3 - 3A^2 + A + E = (A^2 - A - E)(A - 2E) - E$

$A^3 - 3A^2 + A + E = O$ より

$$(A - 2E)(A^2 - A - E) = (A^2 - A - E)(A - 2E) = E$$

よって, $A - 2E$ の逆行列は　$A^2 - A - E$

//

137 $A = \begin{pmatrix} 0 & a & b \\ 0 & 0 & c \\ 0 & 0 & 0 \end{pmatrix}$ とするとき，次の問いに答えよ.

(1) $A^3 = O$ を証明せよ.

(2) $A + E$ の逆行列は $A^2 - A + E$ であることを証明せよ.

例題 A が対称行列，${}^t A$ が交代行列ならば A は零行列であることを証明せよ.

· ·

解 A は対称行列だから　${}^t A = A$

${}^t A$ は交代行列だから　${}^t({}^t A) = -{}^t A$

これより $A = -{}^t A = -A$ となるから　$A = O$　　　　　//

---

138 A, $A + B$ が対称行列，B が交代行列ならば，$B = O$ を証明せよ.

2　連立 1 次方程式と行列

まとめ

●消去法

○ 行列に対する行基本変形

（ i ）1 つの行に 0 でない数を掛ける（割る）.

（ ii ）1 つの行にある数を掛けたものを他の行に加える（減ずる）.

（ iii ）2 つの行を入れ換える.

$$A = \begin{pmatrix} a_{11} & a_{12} & a_{13} \\ a_{21} & a_{22} & a_{23} \\ a_{31} & a_{32} & a_{33} \end{pmatrix}$$

$$\vec{x} = \begin{pmatrix} x \\ y \\ z \end{pmatrix}$$

$$\vec{b} = \begin{pmatrix} b_1 \\ b_2 \\ b_3 \end{pmatrix}$$

$$\circ \begin{cases} a_{11}x + a_{12}y + a_{13}z = b_1 \\ a_{21}x + a_{22}y + a_{23}z = b_2 \\ a_{31}x + a_{32}y + a_{33}z = b_3 \end{cases} \iff A\vec{x} = \vec{b}$$

（A を係数行列という）

○ 拡大係数行列 $(A \,|\, \vec{b}) \xrightarrow{\text{行基本変形}} \begin{pmatrix} \alpha_{11} & \alpha_{12} & \alpha_{13} & \beta_1 \\ 0 & \alpha_{22} & \alpha_{23} & \beta_2 \\ 0 & 0 & \alpha_{33} & \beta_3 \end{pmatrix}$

とした後，方程式に戻して解を求める方法をガウスの消去法という.

●消去法と逆行列

$$\begin{pmatrix} a_{11} & a_{12} & a_{13} & 1 & 0 & 0 \\ a_{21} & a_{22} & a_{23} & 0 & 1 & 0 \\ a_{31} & a_{32} & a_{33} & 0 & 0 & 1 \end{pmatrix} \xrightarrow{\text{行基本変形}} \begin{pmatrix} 1 & 0 & 0 & b_{11} & b_{12} & b_{13} \\ 0 & 1 & 0 & b_{21} & b_{22} & b_{23} \\ 0 & 0 & 1 & b_{31} & b_{32} & b_{33} \end{pmatrix}$$

このとき，A は正則で，$X = \begin{pmatrix} b_{11} & b_{12} & b_{13} \\ b_{21} & b_{22} & b_{23} \\ b_{31} & b_{32} & b_{33} \end{pmatrix}$ が A の逆行列 A^{-1} である.

○ A が正則であるとき，連立 1 次方程式 $A\vec{x} = \vec{b}$ の解は　$\vec{x} = A^{-1}\vec{b}$

●行列の階数　$\operatorname{rank} A$

$$A = \begin{pmatrix} a_{11} & a_{12} & a_{13} \\ a_{21} & a_{22} & a_{23} \\ a_{31} & a_{32} & a_{33} \end{pmatrix} \xrightarrow{\text{行基本変形}} A_R$$

（A_R は連続して並ぶ 0 の個数が下の行に行くほど増加する行列）

としたとき，少なくとも 1 つ 0 でない成分がある行の個数

○ n 次正方行列 A について　A は正則 $\iff$ $\operatorname{rank} A = n$

Basic

139 次の連立1次方程式を消去法で解け. → 教 p.74 問・1 → 教 p.75 問・2

(1) $\begin{cases} x + 4y = 3 \\ 2x + 3y = -4 \end{cases}$
(2) $\begin{cases} 2x + 3y = 2 \\ 6x + 7y = 2 \end{cases}$

(3) $\begin{cases} x - 2y - z = -2 \\ 2x - 3y - 3z = 1 \\ 3x - 5y - 5z = 0 \end{cases}$
(4) $\begin{cases} x + y - 3z = -2 \\ 2x + y - 5z = -1 \\ 3x + y - 7z = 0 \end{cases}$

(5) $\begin{cases} 2x - 5y - 6z = 1 \\ x - 2y - 2z = 1 \\ 4x - 3y + 2z = 6 \end{cases}$
(6) $\begin{cases} 4x + y - 2z = 0 \\ 3x + 3y - z = 0 \\ x + 2y = 0 \end{cases}$

140 次の行列の逆行列を消去法で求めよ. → 教 p.78 問・3

(1) $\begin{pmatrix} 1 & -3 \\ 2 & -4 \end{pmatrix}$
(2) $\begin{pmatrix} 1 & 1 & 3 \\ -2 & -1 & -1 \\ 3 & 2 & 3 \end{pmatrix}$
(3) $\begin{pmatrix} 1 & -1 & -1 \\ 1 & 2 & -1 \\ 1 & 2 & 0 \end{pmatrix}$

141 次の連立1次方程式を逆行列を用いて解け. → 教 p.79 問・4

(1) $\begin{cases} -2x - y - z = 2 \\ x + y + 3z = 0 \\ 3x + 2y + 3z = -4 \end{cases}$
(2) $\begin{cases} x - y - z = -5 \\ x + 2y - z = -5 \\ x + 2y = 1 \end{cases}$

142 次の行列の階数を求めよ. → 教 p.80 問・5

(1) $\begin{pmatrix} 1 & 2 & 3 \\ 4 & 5 & 6 \\ 7 & 8 & 9 \end{pmatrix}$
(2) $\begin{pmatrix} 1 & -1 & 2 & -3 \\ 1 & 0 & 4 & -4 \\ -2 & 3 & -1 & 4 \end{pmatrix}$

143 次の行列は正則かどうかを調べよ. → 教 p.81 問・6

(1) $\begin{pmatrix} 1 & -2 & 5 \\ -2 & -1 & 1 \\ -2 & -2 & 3 \end{pmatrix}$
(2) $\begin{pmatrix} -2 & 3 & -1 \\ 3 & -3 & 0 \\ 1 & 2 & -3 \end{pmatrix}$

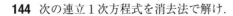

Check

144 次の連立 1 次方程式を消去法で解け.

$(1) \begin{cases} x + 2y = -1 \\ 2x + 4y = -2 \end{cases}$
$(2) \begin{cases} x \qquad - z = 1 \\ x + y + 3z = 2 \\ 2x + 3y \qquad = -1 \end{cases}$

145 次の行列の逆行列を消去法で求めよ.

$(1) \begin{pmatrix} 2 & -5 \\ 1 & -4 \end{pmatrix}$
$(2) \begin{pmatrix} 2 & 2 & -1 \\ 1 & 1 & 1 \\ 4 & 3 & -1 \end{pmatrix}$
$(3) \begin{pmatrix} -2 & 0 & 1 \\ 0 & 2 & 2 \\ 1 & 2 & 1 \end{pmatrix}$

146 次の連立 1 次方程式を逆行列を用いて解け.

$(1) \begin{cases} 2x + 2y - z = 2 \\ x + y + z = -5 \\ 4x + 3y - z = 1 \end{cases}$
$(2) \begin{cases} -2x \qquad + z = 2 \\ 2y + 2z = 1 \\ x + 2y + z = -1 \end{cases}$

147 次の行列の階数を求めよ.

$(1) \begin{pmatrix} -2 & 1 & -3 \\ 1 & -1 & 1 \\ 1 & 1 & 3 \end{pmatrix}$
$(2) \begin{pmatrix} 1 & -1 & 4 & -2 \\ 0 & -1 & 3 & -4 \\ 1 & -1 & 3 & -1 \\ 1 & 1 & 1 & 3 \end{pmatrix}$

148 次の行列は正則かどうかを調べよ.

$(1) \begin{pmatrix} 3 & -5 & 2 \\ 2 & -3 & 1 \\ 1 & -3 & 3 \end{pmatrix}$
$(2) \begin{pmatrix} 2 & -5 & 3 \\ 1 & -2 & 1 \\ 0 & -1 & 1 \end{pmatrix}$

Step up

例題　$A = \begin{pmatrix} a & 1 & 1 \\ 1 & a & 1 \\ 1 & 1 & a \end{pmatrix}$ の階数を求めよ．また，A が正則であるための条件を a

で表せ．

解　A を行基本変形すると

$$\begin{pmatrix} a & 1 & 1 \\ 1 & a & 1 \\ 1 & 1 & a \end{pmatrix} \xrightarrow{\text{1 行と 3 行の入れ換え}} \begin{pmatrix} 1 & 1 & a \\ 1 & a & 1 \\ a & 1 & 1 \end{pmatrix}$$

$$\xrightarrow[\text{3 行 } -1 \text{ 行 } \times a]{\text{2 行 } -1 \text{ 行 } \times 1} \begin{pmatrix} 1 & 1 & a \\ 0 & a-1 & 1-a \\ 0 & 1-a & (1-a)(1+a) \end{pmatrix}$$

$a \neq 1$ のとき，2, 3 行をそれぞれ $\dfrac{1}{a-1}$ 倍すると

$$\longrightarrow \begin{pmatrix} 1 & 1 & a \\ 0 & 1 & -1 \\ 0 & -1 & -(1+a) \end{pmatrix} \xrightarrow{\text{3 行 } +2 \text{ 行 } \times 1} \begin{pmatrix} 1 & 1 & a \\ 0 & 1 & -1 \\ 0 & 0 & -(a+2) \end{pmatrix}$$

となるから，$a+2 \neq 0$ であれば階数は 3，$a+2 = 0$ であれば階数は 2

$a = 1$ のとき，2, 3 行の成分はすべて 0 となるから，階数は 1

以上をまとめて　$\operatorname{rank} A = \begin{cases} 3 & (a \neq -2, 1 \text{ のとき}) \\ 2 & (a = -2 \text{ のとき}) \\ 1 & (a = 1 \text{ のとき}) \end{cases}$

また，A が正則であるためには $\operatorname{rank} A = 3$ であればよいから　$a \neq -2, 1$ //

149 次の行列の階数を求めよ．

(1) $\begin{pmatrix} 1 & x & x \\ x & 1 & x \\ x & x & 1 \end{pmatrix}$ （滋賀県立大）　　(2) $\begin{pmatrix} 1 & a & a^2 \\ 1 & b & b^2 \\ 1 & c & c^2 \end{pmatrix}$ （島根大）

150 a, b を実数とし，3 次正方行列 $A = \begin{pmatrix} 1 & 1 & a \\ 2 & 2 & b \\ 3 & 3a & 3 \end{pmatrix}$ を考える．A の階数が 1

となるとき，a, b の値を求めよ．　　　　　　　　　　　　　（長岡技科大）

例題 $A = \begin{pmatrix} 1 & 2 & -1 \\ 3 & 8 & -3 \\ 2 & 1 & -2 \end{pmatrix}$, $\vec{x} = \begin{pmatrix} x_1 \\ x_2 \\ x_3 \end{pmatrix}$, $\vec{b} = \begin{pmatrix} 2 \\ 2a \\ 10 \end{pmatrix}$ とおく.

(1) 連立 1 次方程式 $A\vec{x} = \vec{b}$ が解をもつように a の値を定めよ.

(2) a が (1) で定めた値であるとき, 解 $\vec{x}$ を求めよ. 　　　　（東京農工大）

解　(1) 拡大係数行列を行基本変形すると

$$\begin{pmatrix} 1 & 2 & -1 & | & 2 \\ 3 & 8 & -3 & | & 2a \\ 2 & 1 & -2 & | & 10 \end{pmatrix} \xrightarrow{\text{行基本変形}} \begin{pmatrix} 1 & 2 & -1 & | & 2 \\ 0 & 1 & 0 & | & -2 \\ 0 & 0 & 0 & | & a-1 \end{pmatrix}$$

これを方程式に戻すと

$$\begin{cases} x_1 + 2x_2 - x_3 = 2 \\ \quad\quad x_2 \quad\quad = -2 \\ 0x_1 + 0x_2 + 0x_3 = a-1 \end{cases}$$

$a - 1 \neq 0$ のとき, 第 3 式はどのような x_1, x_2, x_3 に対しても成り立たない.

$a - 1 = 0$ のとき, 第 3 式はどのような x_1, x_2, x_3 に対しても成り立つから

省いてよく, 解は無数にある. よって, 解をもつための条件は $a = 1$ である.

(2) (1) のとき, 与えられた方程式は $\begin{cases} x_1 + 2x_2 - x_3 = 2 \\ x_2 = -2 \end{cases}$ と同値だから

$$\vec{x} = \begin{pmatrix} t+6 \\ -2 \\ t \end{pmatrix} \quad (t \text{ は任意の数})$$

　　　　　　　　　　　　　　　　　　　　　　　　　　　　　　//

●**注**‥‥一般に, 連立 1 次方程式の解が存在するための必要十分条件は

係数行列の階数 = 拡大係数行列の階数

である.

151 次の連立 1 次方程式が解をもつように定数 k の値を定め, 解を求めよ.

$$\begin{cases} 2x + 2y + z = k \\ 5x + 3y - z = 7 \\ x - y - 3z = 3 \end{cases} \qquad \text{（佐賀大）}$$

152 次の x, y に関する連立 1 次方程式が解をもつように定数 t の値を定めよ. また, そのときの解を求めよ.

$$\begin{cases} x + 2y = 2 \\ 3x + 5y = 3 \\ 2x + 3y = t \end{cases}$$

例題 次の連立 1 次方程式を消去法で解け.

(1) $\begin{cases} x + 3y - 2z = 1 \\ 2x + 6y = 10 \\ 4x + 12y - 9z = 2 \end{cases}$
(2) $\begin{cases} x - 3y - z + 2w = 3 \\ -x + 3y + z = 1 \\ 3x - 9y - 3z + 5w = 7 \\ 2x - 6y - 2z + 5w = 8 \end{cases}$

解　拡大係数行列に対して消去法を行う. ただし, 途中の列で消去法を施す行以降の成分がすべて 0 になったときは, 次の列に進むことにする.

(1) $\begin{pmatrix} 1 & 3 & -2 & | & 1 \\ 2 & 6 & 0 & | & 10 \\ 4 & 12 & -9 & | & 2 \end{pmatrix}$ $\xrightarrow{\text{1 列を消去}}$ $\begin{pmatrix} 1 & 3 & -2 & | & 1 \\ 0 & 0 & 4 & | & 8 \\ 0 & 0 & -1 & | & -2 \end{pmatrix}$

$\xrightarrow[\text{2 行} \times \frac{1}{4}]{\text{3 列に進む}}$ $\begin{pmatrix} 1 & 3 & -2 & | & 1 \\ 0 & 0 & 1 & | & 2 \\ 0 & 0 & -1 & | & -2 \end{pmatrix}$ $\longrightarrow$ $\begin{pmatrix} 1 & 3 & -2 & | & 1 \\ 0 & 0 & 1 & | & 2 \\ 0 & 0 & 0 & | & 0 \end{pmatrix}$

第 2 行より, $z = 2$ が得られる. 第 1 行に代入すると $x + 3y - 4 = 1$ より, $y = t$ とおくと, 求める解は　$x = 5 - 3t,\ y = t,\ z = 2$　（t は任意の数）

(2) $\begin{pmatrix} 1 & -3 & -1 & 2 & | & 3 \\ -1 & 3 & 1 & 0 & | & 1 \\ 3 & -9 & -3 & 5 & | & 7 \\ 2 & -6 & -2 & 5 & | & 8 \end{pmatrix}$ $\xrightarrow{\text{1 列を消去}}$ $\begin{pmatrix} 1 & -3 & -1 & 2 & | & 3 \\ 0 & 0 & 0 & 2 & | & 4 \\ 0 & 0 & 0 & -1 & | & -2 \\ 0 & 0 & 0 & 1 & | & 2 \end{pmatrix}$

$\xrightarrow{\text{4 列に進む}}$ $\begin{pmatrix} 1 & -3 & -1 & 2 & | & 3 \\ 0 & 0 & 0 & 1 & | & 2 \\ 0 & 0 & 0 & 0 & | & 0 \\ 0 & 0 & 0 & 0 & | & 0 \end{pmatrix}$

$y = s,\ z = t$ とおくと, 求める解は
$$x = -1 + 3s + t,\ y = s,\ z = t,\ w = 2 \quad （s,\ t \text{ は任意の数}） \qquad //$$

153 次の連立 1 次方程式を解け.
$$\begin{cases} 2x + 10y - 3z - 5w = 8 \\ x + 5y - z - 2w = 3 \\ x + 5y - w = 1 \\ -3x - 15y + z + 4w = -5 \end{cases}$$

Plus

1──行列の基本変形と基本行列

次のように単位行列 E を変えた行列を**基本行列**という.

（ⅰ）$P_i(c)$：E の $(i,\ i)$ 成分を c で置き換えた行列（ただし $c \neq 0$）

（ⅱ）$P_{ij}(c)$：E の $(i,\ j)$ 成分に c を加えた行列（ただし $i \neq j$）

（ⅲ）P_{ij}：E の第 i 行と第 j 行を入れ換えた行列（ただし $i \neq j$）

例 1

$$P_2(3) = \begin{pmatrix} 1 & 0 & 0 \\ 0 & 3 & 0 \\ 0 & 0 & 1 \end{pmatrix}, \quad P_{23}(5) = \begin{pmatrix} 1 & 0 & 0 \\ 0 & 1 & 5 \\ 0 & 0 & 1 \end{pmatrix}, \quad P_{12} = \begin{pmatrix} 0 & 1 & 0 \\ 1 & 0 & 0 \\ 0 & 0 & 1 \end{pmatrix}$$

各基本行列は正則で，逆行列はそれぞれ次のようになる.

$$P_i(c)^{-1} = P_i\left(\frac{1}{c}\right), \quad P_{ij}(c)^{-1} = P_{ij}(-c), \quad P_{ij}^{-1} = P_{ij}$$

例 2

$$P_2(3)P_2\left(\frac{1}{3}\right) = \begin{pmatrix} 1 & 0 & 0 \\ 0 & 3 & 0 \\ 0 & 0 & 1 \end{pmatrix}\begin{pmatrix} 1 & 0 & 0 \\ 0 & \dfrac{1}{3} & 0 \\ 0 & 0 & 1 \end{pmatrix} = E$$

同様に　$P_{23}(5)P_{23}(-5) = E,\ P_{12}^2 = E$

行基本変形はこれらの基本行列を左から掛けることによって得られる.

（ⅰ）$P_i(c)$：第 i 行に c を掛ける（ただし $c \neq 0$）

（ⅱ）$P_{ij}(c)$：第 i 行に第 j 行の c 倍を加える（ただし $i \neq j$）

（ⅲ）P_{ij}：第 i 行と第 j 行を入れ換える（ただし $i \neq j$）

例 3

$$P_2(3)A = \begin{pmatrix} 1 & 0 & 0 \\ 0 & 3 & 0 \\ 0 & 0 & 1 \end{pmatrix}\begin{pmatrix} a_{11} & a_{12} & a_{13} \\ a_{21} & a_{22} & a_{23} \\ a_{31} & a_{32} & a_{33} \end{pmatrix} = \begin{pmatrix} a_{11} & a_{12} & a_{13} \\ 3a_{21} & 3a_{22} & 3a_{23} \\ a_{31} & a_{32} & a_{33} \end{pmatrix}$$

（第 2 行に 3 を掛ける）

$$P_{23}(5)A = \begin{pmatrix} 1 & 0 & 0 \\ 0 & 1 & 5 \\ 0 & 0 & 1 \end{pmatrix}\begin{pmatrix} a_{11} & a_{12} & a_{13} \\ a_{21} & a_{22} & a_{23} \\ a_{31} & a_{32} & a_{33} \end{pmatrix}$$

$$= \begin{pmatrix} a_{11} & a_{12} & a_{13} \\ a_{21}+5a_{31} & a_{22}+5a_{32} & a_{23}+5a_{33} \\ a_{31} & a_{32} & a_{33} \end{pmatrix}$$

（第 2 行に第 3 行の 5 倍を加える）

$$P_{12}A = \begin{pmatrix} 0 & 1 & 0 \\ 1 & 0 & 0 \\ 0 & 0 & 1 \end{pmatrix}\begin{pmatrix} a_{11} & a_{12} & a_{13} \\ a_{21} & a_{22} & a_{23} \\ a_{31} & a_{32} & a_{33} \end{pmatrix} = \begin{pmatrix} a_{21} & a_{22} & a_{23} \\ a_{11} & a_{12} & a_{13} \\ a_{31} & a_{32} & a_{33} \end{pmatrix}$$

（第 1 行と第 2 行を入れ換える）

例題 $A = \begin{pmatrix} 1 & 1 & 1 \\ 2 & 3 & 1 \\ -1 & 2 & 4 \end{pmatrix}$ とするとき，次の問いに答えよ．

(1) 行基本変形により上三角行列 U に変形せよ．

(2) 対応する基本行列の積を P とし，$P^{-1} = L$ とおくとき，$A = LU$ と表されることを証明せよ．また，L を求めよ．

解

(1) $\begin{pmatrix} 1 & 1 & 1 \\ 2 & 3 & 1 \\ -1 & 2 & 4 \end{pmatrix} \xrightarrow{\ 2\,行\ -1\,行\ \times 2\ } \begin{pmatrix} 1 & 1 & 1 \\ 0 & 1 & -1 \\ -1 & 2 & 4 \end{pmatrix}$

$\xrightarrow{\ 3\,行\ +1\,行\ \times 1\ } \begin{pmatrix} 1 & 1 & 1 \\ 0 & 1 & -1 \\ 0 & 3 & 5 \end{pmatrix} \xrightarrow{\ 3\,行\ -2\,行\ \times 3\ } \begin{pmatrix} 1 & 1 & 1 \\ 0 & 1 & -1 \\ 0 & 0 & 8 \end{pmatrix} = U$

(2) (1) の変形を基本行列の積で表すと　$P_{32}(-3)P_{31}(1)P_{21}(-2)A = U$

したがって

$$P = P_{32}(-3)P_{31}(1)P_{21}(-2)$$

とおくと

$$PA = U$$

P は正則であり，左から P^{-1} を掛けると

$$A = P^{-1}U = LU$$

また

$$L = P^{-1} = P_{21}(-2)^{-1}P_{31}(1)^{-1}P_{32}(-3)^{-1}$$
$$= P_{21}(2)P_{31}(-1)P_{32}(3)$$
$$= \begin{pmatrix} 1 & 0 & 0 \\ 2 & 1 & 0 \\ 0 & 0 & 1 \end{pmatrix}\begin{pmatrix} 1 & 0 & 0 \\ 0 & 1 & 0 \\ -1 & 0 & 1 \end{pmatrix}\begin{pmatrix} 1 & 0 & 0 \\ 0 & 1 & 0 \\ 0 & 3 & 1 \end{pmatrix} = \begin{pmatrix} 1 & 0 & 0 \\ 2 & 1 & 0 \\ -1 & 3 & 1 \end{pmatrix} \quad //$$

　例題の L は対角成分の上側がすべて 0 の行列で，**下三角行列**という．L を求めるには，対角行列 $P_i(c)$ と下三角行列 $P_{ij}(c)(i > j)$ を用いる．この例題のように，行列 A を下三角行列 L と上三角行列 U によって $A = LU$ の形に表すことを，A の **LU 分解**という．

154 連立 1 次方程式 $A\vec{x} = \vec{b}$ について，以下の問いに答えよ．ただし，

$$A = \begin{pmatrix} 2 & 3 & 0 \\ 4 & 8 & 4 \\ 0 & 6 & 14 \end{pmatrix}, \vec{x} = \begin{pmatrix} x_1 \\ x_2 \\ x_3 \end{pmatrix}, \vec{b} = \begin{pmatrix} 5 \\ 16 \\ 20 \end{pmatrix} \text{ とする.}$$

(1) 上三角行列 U と，対角成分が 1 の下三角行列 L を用いて $A = LU$ と書くとき，L と U を求めよ．

(2) $A\vec{x} = \vec{b}$ の解は以下の 2 つの問題を解くことで求まることを説明せよ．

$$L\vec{y} = \vec{b},\ U\vec{x} = \vec{y}$$

(3) (2) の方法で $A\vec{x} = \vec{b}$ を解け． (九州大)

2──行列の階数と線形独立

2 個の列ベクトル $\vec{a}$, $\vec{b}$ について，平面のベクトルと同様に

$$m\vec{a} + n\vec{b} = \vec{0} \iff m = n = 0$$

が成り立つとき，$\vec{a}$, $\vec{b}$ は線形独立，そうでないとき線形従属であるという．

同様に，3 個の列ベクトル $\vec{a}$, $\vec{b}$, $\vec{c}$ の線形独立は次の関係により定義される．

$$l\vec{a} + m\vec{b} + n\vec{c} = \vec{0} \iff l = m = n = 0$$

また，1 個の列ベクトル $\vec{a}$ については，$\vec{a} \neq \vec{0}$ のとき線形独立であると定める．

消去法を行った結果としてできる行列を階段行列とよぶことにする．

例 4 次の行列はすべて階段行列である．

$$F = \begin{pmatrix} 1 & -1 & 2 \\ 0 & 1 & 3 \\ 0 & 0 & 1 \end{pmatrix}, G = \begin{pmatrix} 1 & 2 & 2 \\ 0 & 0 & 4 \\ 0 & 0 & 0 \end{pmatrix}, H = \begin{pmatrix} 1 & 5 & 3 \\ 0 & 0 & 0 \\ 0 & 0 & 0 \end{pmatrix}$$

また，rank $F = 3$, rank $G = 2$, rank $H = 1$ である．

例の F, G, H について，列ベクトルの線形独立性と階数の関係を調べよう．

まず，F については，3 個の列ベクトルは線形独立である．実際

$$l\begin{pmatrix} 1 \\ 0 \\ 0 \end{pmatrix} + m\begin{pmatrix} -1 \\ 1 \\ 0 \end{pmatrix} + n\begin{pmatrix} 2 \\ 3 \\ 1 \end{pmatrix} = \begin{pmatrix} l - m + 2n \\ m + 3n \\ n \end{pmatrix} \tag{1}$$

となるから，(1) を $\vec{0}$ とおくと，容易に $l = m = n = 0$ が導かれる．

同様にして，G の第 1 列と第 3 列は線形独立であることが証明されるが

$$2\begin{pmatrix} 1 \\ 0 \\ 0 \end{pmatrix} + (-1)\begin{pmatrix} 2 \\ 0 \\ 0 \end{pmatrix} + 0\begin{pmatrix} 2 \\ 4 \\ 0 \end{pmatrix} = \begin{pmatrix} 0 \\ 0 \\ 0 \end{pmatrix}$$

となるから，G の 3 個の列ベクトルは線形従属になる．

　H については，例えば第 1 列の列ベクトルは線形独立であるが，どの 2 個の列ベクトルも線形従属である.

　以上より，F, G, H について，線形独立である列ベクトルの最大個数は 3, 2, 1 で，それぞれの階数と一致する. このことは，任意の階段行列について成り立つ. すなわち

階数 ＝ 線形独立な列ベクトルの最大個数　　　　　　　　　　(2)

　実は，(2) は一般の行列について成り立つ. 次の例題はそれを証明するために用いられる.

> **例題** P は 3 次の正則行列とするとき，3 個の列ベクトル $\vec{a}$, $\vec{b}$, $\vec{c}$ が線形独立ならば，$P\vec{a}$, $P\vec{b}$, $P\vec{c}$ も線形独立であることを証明せよ.
>
> **解** $lP\vec{a} + mP\vec{b} + nP\vec{c} = \vec{0}$ とすると
> $$P(l\vec{a} + m\vec{b} + n\vec{c}) = \vec{0}$$
> 両辺に左から P^{-1} を掛けて
> $$l\vec{a} + m\vec{b} + n\vec{c} = P^{-1}\vec{0} = \vec{0}$$
> $\vec{a}$, $\vec{b}$, $\vec{c}$ は線形独立だから　$l = m = n = 0$
> したがって，$P\vec{a}$, $P\vec{b}$, $P\vec{c}$ は線形独立である.　　　//

●注⋯⋯2 個または 1 個の列ベクトルの場合も同様に成り立つことが証明される.

155 例題において，$\vec{a}$, $\vec{b}$, $\vec{c}$ が線形従属ならば，$P\vec{a}$, $P\vec{b}$, $P\vec{c}$ も線形従属であることを証明せよ.

　一般の行列 A について，(2) を証明しよう.

　消去法により，A を階段行列 F にする変形は，いくつかの基本行列の積 P を左から掛けることにより得られる.

$$PA = F \quad \text{すなわち} \quad A = P^{-1}F$$

A の階数は F の階数すなわち F の線形独立な列ベクトルの最大個数である. また，F の列ベクトルを $\vec{a}$, $\vec{b}$, $\vec{c}$ とするとき，A の列ベクトルは $P^{-1}\vec{a}$, $P^{-1}\vec{b}$, $P^{-1}\vec{c}$ だから，上の例題と問いより，A と F の線形独立な列ベクトルの最大個数は等しくなる. したがって，(2) が成り立つことがわかる.

　線形独立な列ベクトルの最大個数は行列に特有な値だから，階数が消去法における変形の方法によらず定まることもわかる.

例題 次の列ベクトルの組は線形独立か線形従属かを調べよ.

$$(1)\ \begin{pmatrix}1\\0\\0\\3\end{pmatrix},\ \begin{pmatrix}1\\1\\1\\3\end{pmatrix},\ \begin{pmatrix}1\\2\\1\\3\end{pmatrix} \qquad (2)\ \begin{pmatrix}1\\1\\1\\0\end{pmatrix},\ \begin{pmatrix}0\\1\\0\\3\end{pmatrix},\ \begin{pmatrix}3\\4\\3\\3\end{pmatrix}$$

解 (1) 列ベクトルを並べた行列から階段行列に変形すると

$$\begin{pmatrix}1&1&1\\0&1&2\\0&1&1\\3&3&3\end{pmatrix} \xrightarrow{\text{4 行 }-1\text{ 行 }\times 3} \begin{pmatrix}1&1&1\\0&1&2\\0&1&1\\0&0&0\end{pmatrix} \xrightarrow{\text{3 行 }-2\text{ 行}} \begin{pmatrix}1&1&1\\0&1&2\\0&0&-1\\0&0&0\end{pmatrix}$$

階数は 3 だから,線形独立である.

(2) 列ベクトルを並べた行列から階段行列に変形すると

$$\begin{pmatrix}1&0&3\\1&1&4\\1&0&3\\0&3&3\end{pmatrix} \xrightarrow[\text{3 行 }-1\text{ 行}]{\text{2 行 }-1\text{ 行}} \begin{pmatrix}1&0&3\\0&1&1\\0&0&0\\0&3&3\end{pmatrix} \xrightarrow{\text{4 行 }-2\text{ 行 }\times 3} \begin{pmatrix}1&0&3\\0&1&1\\0&0&0\\0&0&0\end{pmatrix}$$

階数は 2 だから,線形従属である.　　　　//

156 次の列ベクトルの組は線形独立か線形従属かを調べよ.

$$(1)\ \begin{pmatrix}1\\1\\-2\\3\end{pmatrix},\ \begin{pmatrix}1\\-2\\1\\3\end{pmatrix},\ \begin{pmatrix}-1\\0\\1\\-3\end{pmatrix} \qquad (2)\ \begin{pmatrix}1\\0\\0\\-1\end{pmatrix},\ \begin{pmatrix}-2\\-1\\0\\1\end{pmatrix},\ \begin{pmatrix}1\\-1\\1\\-2\end{pmatrix}$$

3──いろいろな問題

157 行列 $A = \begin{pmatrix}-2&-2\\5&3\end{pmatrix}$ について,以下の問いに答えよ.

(1) $A^2 - A + 4E = O$ が成り立つことを示せ.

(2) A^6 を求めよ.　　　　　　　　　　　　　　　　(宇都宮大)

3章 行列式

1 行列式の定義と性質

――――――――――― まとめ ―――――――――――

●行列式の定義

○ n 次の行列式　$|A| = \displaystyle\sum_{P} \varepsilon_P a_{1p_1} a_{2p_2} \cdots a_{np_n}$

ただし　$P = (p_1,\ p_2,\ \cdots,\ p_n),\ \ \varepsilon_P = \begin{cases} +1 & (P \text{ は偶順列}) \\ -1 & (P \text{ は奇順列}) \end{cases}$

○ 2 次の行列式

$$|A| = a_{11}a_{22} - a_{12}a_{21}$$

○ 3 次の行列式（サラスの方法）

$$|A| = a_{11}a_{22}a_{33} + a_{12}a_{23}a_{31} + a_{13}a_{21}a_{32}$$
$$-a_{11}a_{23}a_{32} - a_{12}a_{21}a_{33} - a_{13}a_{22}a_{31}$$

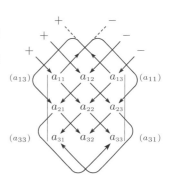

●行列式の性質

○ $|{}^t\!A| = |A|$

○ 1 つの行（列）の各成分が 2 数の和として表されるとき，この行列式は 2 つの行列式の和として表すことができる.

○ 1 つの行（列）のすべての成分に共通な因数をくくり出すことができる.

○ 2 つの行（列）を交換すると行列式の符号が変わる.

○ 2 つの行（列）が等しい行列式の値は 0 である.

○ 1 つの行（列）を定数倍して他の行（列）に加えても，行列式の値は変わらない.

○ n 次の正方行列 A と定数 c について　$|cA| = c^n|A|$

●行列の積の行列式

○ $A,\ B$ が正方行列のとき

$$|AB| = |A|\,|B|$$

○ A が正則 $\Longrightarrow |A| \neq 0,\ \ |A^{-1}| = \dfrac{1}{|A|}$

Basic

158 次の行列式の値を求めよ. →教p.87 問·1

(1) $\begin{vmatrix} 3 & 6 \\ 1 & 3 \end{vmatrix}$ (2) $\begin{vmatrix} -3 & -2 \\ 4 & 1 \end{vmatrix}$

(3) $\begin{vmatrix} 2 & 0 & 1 \\ 3 & 1 & 4 \\ 1 & 5 & 3 \end{vmatrix}$ (4) $\begin{vmatrix} 4 & -1 & -3 \\ 3 & -5 & -4 \\ -2 & 0 & 1 \end{vmatrix}$

159 次の順列について, 偶順列か奇順列かを調べよ. →教p.89 問·2

(1) $(3, 4, 1, 2)$ (2) $(2, 1, 5, 3, 4)$

160 次の行列式の値を求めよ. →教p.90 問·3

(1) $\begin{vmatrix} 0 & 3 & 0 & 0 \\ 0 & 0 & 1 & 0 \\ 5 & 0 & 0 & 0 \\ 0 & 0 & 0 & 4 \end{vmatrix}$ (2) $\begin{vmatrix} 2 & 1 & 0 & 0 \\ 3 & 2 & 0 & 0 \\ 0 & 0 & 3 & 0 \\ 0 & 0 & 0 & 5 \end{vmatrix}$

161 次の行列式の値を求めよ. →教p.91 問·4

(1) $\begin{vmatrix} 2 & 1 & 5 \\ 0 & 3 & 2 \\ 0 & 1 & 2 \end{vmatrix}$ (2) $\begin{vmatrix} -1 & 2 & 1 & 3 \\ 0 & 3 & 7 & 4 \\ 0 & 0 & 2 & 5 \\ 0 & 0 & -1 & 3 \end{vmatrix}$

162 次の行列式の値を求めよ. →教p.91 問·5

(1) $\begin{vmatrix} 2 & 1 & 3 \\ 0 & 1 & 4 \\ 0 & 0 & 3 \end{vmatrix}$ (2) $\begin{vmatrix} -2 & 1 & 3 & 5 \\ 0 & 1 & 7 & 2 \\ 0 & 0 & 3 & 2 \\ 0 & 0 & 0 & 2 \end{vmatrix}$

163 次の行列式の値を求めよ. →教p.93 問·6

(1) $\begin{vmatrix} 1 & 2 & 3 \\ 0 & 0 & 0 \\ 2 & -1 & 4 \end{vmatrix}$ (2) $\begin{vmatrix} 3 & 0 & 0 \\ 0 & 3 & 0 \\ 0 & 0 & 3 \end{vmatrix}$

(3) $\begin{vmatrix} 2 & -2 & 2 \\ 2 & -2 & -2 \\ -2 & 2 & 2 \end{vmatrix}$ (4) $\begin{vmatrix} 6 & 3 & 9 \\ 3 & 6 & 9 \\ 6 & 0 & 3 \end{vmatrix}$

164 次の行列式の値を求めよ.

→ 教 p.95 問·7

(1) $\begin{vmatrix} 1 & -1 & 2 & 1 \\ 0 & 1 & -1 & 2 \\ 0 & 2 & 3 & 1 \\ -1 & 1 & 3 & 2 \end{vmatrix}$

(2) $\begin{vmatrix} 2 & 4 & 2 & 0 \\ 1 & 2 & 1 & 3 \\ 0 & 1 & 1 & 2 \\ -2 & 2 & 0 & 2 \end{vmatrix}$

(3) $\begin{vmatrix} 2 & 3 & 1 & 0 \\ 4 & 7 & 2 & 1 \\ -2 & -2 & 1 & 3 \\ 0 & 1 & 1 & 2 \end{vmatrix}$

(4) $\begin{vmatrix} 1 & 2 & 1 & 3 \\ 2 & 1 & 2 & 1 \\ -1 & -2 & 1 & 1 \\ 3 & 1 & 2 & 1 \end{vmatrix}$

165 次の行列式を因数分解せよ.

→ 教 p.97 問·8

(1) $\begin{vmatrix} 1 & 1 & 1 \\ a & b & 2a+b \\ b & a & a+2b \end{vmatrix}$

(2) $\begin{vmatrix} 1 & 2 & 2 \\ a & 3a+2b & 3a+b \\ b & a+4b & 2a+4b \end{vmatrix}$

(3) $\begin{vmatrix} 1 & a & b \\ a & 1 & a \\ b & b & 1 \end{vmatrix}$

(4) $\begin{vmatrix} 1 & 0 & a & 0 \\ b & 1 & 0 & a \\ 0 & 1 & a^2 & 0 \\ a & 0 & b^2 & 1 \end{vmatrix}$

(3) まず, 2 列 − 1 列 × a,
　　3 列 − 1 列 × b を行え.
(4) まず, 3 列 − 1 列 × a
　　を行え.

166 A を正方行列とするとき, 次を証明せよ.

→ 教 p.99 問·9

(1) $A^2 = E$ を満たすとき, $|A| = \pm 1$ である.

(2) $A^2 = A$ ならば, A の行列式の値は 0 または 1 である.

Check

167 次の順列について，偶順列か奇順列かを調べよ．

(1) $(2, 5, 4, 1, 3)$　　　　(2) $(2, 6, 5, 1, 4, 3)$

168 次の行列式の値を求めよ．

(1) $\begin{vmatrix} 1 & 1 & 1 \\ 1 & -1 & 1 \\ -1 & 1 & -1 \end{vmatrix}$　　(2) $\begin{vmatrix} \dfrac{4}{3} & \dfrac{2}{3} & \dfrac{1}{3} \\ 6 & -12 & 6 \\ \dfrac{1}{2} & \dfrac{3}{2} & \dfrac{1}{2} \end{vmatrix}$

(3) $\begin{vmatrix} 1 & -2 & 2 & 1 \\ -1 & 3 & -2 & 2 \\ 2 & 1 & 3 & 1 \\ 3 & -2 & 2 & -1 \end{vmatrix}$　　(4) $\begin{vmatrix} 2 & -2 & -4 & 0 \\ -3 & 2 & 1 & -1 \\ 2 & -1 & 1 & 3 \\ -1 & -1 & 4 & 2 \end{vmatrix}$

169 A が 5 次の正方行列で，$|A| = 3$ のとき，$|-2A|$ の値を求めよ．

170 次の行列式を因数分解せよ．

(1) $\begin{vmatrix} 1 & 2 & 3 \\ a & a+2b & 4a+b \\ b & 2a+b & a+4b \end{vmatrix}$　　(2) $\begin{vmatrix} 1 & 1 & 1 \\ a^2 & -ab & -b^2 \\ b^2 & -ab & -a^2 \end{vmatrix}$

(3) $\begin{vmatrix} 1 & 1 & 1 \\ a+b & b+c & c+a \\ ab & bc & ca \end{vmatrix}$　　(4) $\begin{vmatrix} 1 & a & a \\ b & a^2 & b^2 \\ b & b^2 & a^2 \end{vmatrix}$

171 A, B を n 次の正方行列とするとき，次を証明せよ．

(1) AB が正則ならば，$|A| \neq 0$, $|B| \neq 0$ である．

(2) A が正則ならば，$|A^{-1}BA| = |B|$ である．

Step up

例題

$$A = \begin{pmatrix} a & b & c & d \\ -b & a & -d & c \\ -c & d & a & -b \\ -d & -c & b & a \end{pmatrix} \text{ のとき, } A\,{}^t\!A \text{ を計算して, } |A| \text{ を求めよ.}$$

解　$A\,{}^t\!A = (a^2 + b^2 + c^2 + d^2)E$ より $|A\,{}^t\!A| = (a^2 + b^2 + c^2 + d^2)^4$

$|{}^t\!A| = |A|$ より　$|A|^2 = (a^2 + b^2 + c^2 + d^2)^4$

よって　$|A| = \pm(a^2 + b^2 + c^2 + d^2)^2$

一方, $|A|$ を行列式の定義を用いて計算すると, a^4 の項は基本順列 $(1, 2, 3, 4)$ だけから現れるから, その係数は 1 である.

したがって　$|A| = (a^2 + b^2 + c^2 + d^2)^2$　　　　//

172 n 次の正方行列 A について, 次の問いに答えよ. ただし, A の成分はすべて実数とする.

(1) 等式 $A^3 = E$ が成り立つとき, $|A|$ の値を求めよ.

(2) 等式 $A^3 = -E$ が成り立つとき, $|A|$ の値を求めよ.

例題

$$\begin{vmatrix} a & b & c \\ c & a & b \\ b & c & a \end{vmatrix} \text{ を因数分解せよ.}$$

解
$$\begin{vmatrix} a & b & c \\ c & a & b \\ b & c & a \end{vmatrix} \xRightarrow[\text{1 列 +3 列 ×1}]{\text{1 列 +2 列 ×1}} \begin{vmatrix} a+b+c & b & c \\ a+b+c & a & b \\ a+b+c & c & a \end{vmatrix}$$

$$\xRightarrow{\text{1 列の共通因数}} (a+b+c)\begin{vmatrix} 1 & b & c \\ 1 & a & b \\ 1 & c & a \end{vmatrix}$$

$$\xRightarrow[\text{3 行 −1 行 ×1}]{\text{2 行 −1 行 ×1}} (a+b+c)\begin{vmatrix} 1 & b & c \\ 0 & a-b & b-c \\ 0 & c-b & a-c \end{vmatrix}$$

$$= (a+b+c)\{(a-b)(a-c) - (b-c)(c-b)\}$$
$$= (a+b+c)(a^2 + b^2 + c^2 - ab - bc - ca)$$　　　　//

173 次の行列式を因数分解せよ.

(1) $\begin{vmatrix} a & b & b & b \\ b & a & b & b \\ b & b & a & b \\ b & b & b & a \end{vmatrix}$
　　　　　　　(2) $\begin{vmatrix} 0 & a & b & c \\ a & 0 & c & b \\ b & c & 0 & a \\ c & b & a & 0 \end{vmatrix}$

174 次の等式を証明せよ.

(1) $\begin{vmatrix} a+b & a & a \\ a & a+b & a \\ a & a & a+b \end{vmatrix} = b^2(3a+b)$

(2) $\begin{vmatrix} 2a+b+c & b & c \\ a & a+2b+c & c \\ a & b & a+b+2c \end{vmatrix} = 2(a+b+c)^3$ 　　　　（都立大）

(3) $\begin{vmatrix} a+b+c & -c & -b \\ -c & a+b+c & -a \\ -b & -a & a+b+c \end{vmatrix} = 2(a+b)(b+c)(c+a)$

例題 次の等式を証明せよ.

$$\begin{vmatrix} a_1+b_1 & b_1+c_1 & c_1+a_1 \\ a_2+b_2 & b_2+c_2 & c_2+a_2 \\ a_3+b_3 & b_3+c_3 & c_3+a_3 \end{vmatrix} = 2\begin{vmatrix} a_1 & b_1 & c_1 \\ a_2 & b_2 & c_2 \\ a_3 & b_3 & c_3 \end{vmatrix}$$

· ·

解　左辺　$\underset{\text{1列 +3列 ×1}}{=\!=\!=\!=\!=}$ $\begin{vmatrix} 2a_1+b_1+c_1 & b_1+c_1 & c_1+a_1 \\ 2a_2+b_2+c_2 & b_2+c_2 & c_2+a_2 \\ 2a_3+b_3+c_3 & b_3+c_3 & c_3+a_3 \end{vmatrix}$

$\underset{\text{1列 −2列 ×1}}{=\!=\!=\!=\!=}$ $\begin{vmatrix} 2a_1 & b_1+c_1 & c_1+a_1 \\ 2a_2 & b_2+c_2 & c_2+a_2 \\ 2a_3 & b_3+c_3 & c_3+a_3 \end{vmatrix}$

$\underset{\text{3列 −1列 ×}\frac{1}{2}}{=\!=\!=\!=\!=}$ $\begin{vmatrix} 2a_1 & b_1+c_1 & c_1 \\ 2a_2 & b_2+c_2 & c_2 \\ 2a_3 & b_3+c_3 & c_3 \end{vmatrix}$

$\underset{\substack{\text{2列 −3列 ×1} \\ \text{1列の共通因数}}}{=\!=\!=\!=\!=}$ $2\begin{vmatrix} a_1 & b_1 & c_1 \\ a_2 & b_2 & c_2 \\ a_3 & b_3 & c_3 \end{vmatrix} = $ 右辺

　　　　　　　　　　　　　　　　　　　　　　　　　　　//

175 次の等式を証明せよ.

$$(1) \quad \begin{vmatrix} x+y & y+z & z+x \\ y+z & z+x & x+y \\ z+x & x+y & y+z \end{vmatrix} = 2 \begin{vmatrix} x & y & z \\ y & z & x \\ z & x & y \end{vmatrix} \qquad \text{(福井大)}$$

$$(2) \quad \begin{vmatrix} b+c & a-c & a-b \\ b-c & c+a & b-a \\ c-b & c-a & a+b \end{vmatrix} = 8abc \qquad \text{(三重大)}$$

例題

方程式 $\begin{vmatrix} x & 0 & 1 & 0 \\ 0 & x & 0 & 1 \\ 1 & 0 & x & 0 \\ 0 & 1 & 0 & x \end{vmatrix} = 0$ を解け.

解　左辺の行列式を変形すると

$$\text{左辺} \quad \underset{\underline{\underline{2\,\text{行}+4\,\text{行}\times1}}}{\overset{1\,\text{行}+3\,\text{行}\times1}{}} \quad \begin{vmatrix} x+1 & 0 & x+1 & 0 \\ 0 & x+1 & 0 & x+1 \\ 1 & 0 & x & 0 \\ 0 & 1 & 0 & x \end{vmatrix}$$

$$\underset{\underline{\underline{2\,\text{行の共通因数}}}}{\overset{1\,\text{行の共通因数}}{}} \quad (x+1)^2 \begin{vmatrix} 1 & 0 & 1 & 0 \\ 0 & 1 & 0 & 1 \\ 1 & 0 & x & 0 \\ 0 & 1 & 0 & x \end{vmatrix}$$

$$\underset{\underline{\underline{4\,\text{行}-2\,\text{行}\times1}}}{\overset{3\,\text{行}-1\,\text{行}\times1}{}} \quad (x+1)^2 \begin{vmatrix} 1 & 0 & 1 & 0 \\ 0 & 1 & 0 & 1 \\ 0 & 0 & x-1 & 0 \\ 0 & 0 & 0 & x-1 \end{vmatrix} = (x+1)^2(x-1)^2$$

よって, $(x+1)^2(x-1)^2 = 0$ より　$x = \pm1$ （ともに 2 重解）　　//

176 次の方程式を解け.

$$(1) \quad \begin{vmatrix} 1 & 0 & x \\ 0 & -4 & -4 \\ x & -4 & 0 \end{vmatrix} = 0 \qquad\qquad (2) \quad \begin{vmatrix} 1 & 1 & 0 & x \\ 0 & 1 & x & 1 \\ 1 & x & 1 & 0 \\ x & 1 & 0 & 1 \end{vmatrix} = 0$$

② 行列式の応用

●**行列式の展開**　A は n 次の正方行列とする.

○ 小行列式 D_{ij}　$|A|$ から i 行と j 列を取り除いた $n-1$ 次の行列式

○ $|A| = \displaystyle\sum_{k=1}^{n} (-1)^{i+k} a_{ik} D_{ik}$　　（第 i 行に関する展開）

$= \displaystyle\sum_{k=1}^{n} (-1)^{k+j} a_{kj} D_{kj}$　　（第 j 列に関する展開）

●**行列式と逆行列**

○ 余因子行列 $\widetilde{A} = \left((-1)^{i+j} D_{ji} \right),\ \ A\widetilde{A} = \widetilde{A}A = |A|E$

$$3 \text{ 次の余因子行列は}\quad \widetilde{A} = \begin{pmatrix} D_{11} & -D_{21} & D_{31} \\ -D_{12} & D_{22} & -D_{32} \\ D_{13} & -D_{23} & D_{33} \end{pmatrix}$$

○ A が正則 $\Longleftrightarrow |A| \neq 0$　　このとき $A^{-1} = \dfrac{1}{|A|} \widetilde{A}$

●**連立 1 次方程式と行列式**

○ クラメルの公式

連立 1 次方程式 $A\vec{x} = \vec{b}$（A は n 次の正方行列）において,

$|A|$ の第 j 列を $\vec{b}$ で置き換えてできる行列式を Δ_j とおく.

$|A| \neq 0$ のとき, 方程式はただ 1 つの解をもち

$$x_j = \frac{\Delta_j}{|A|}\qquad (j = 1,\ 2,\ \cdots,\ n)$$

○ $A\vec{x} = \vec{0}$ が $\vec{0}$ 以外の解をもつ $\Longleftrightarrow |A| = 0$（$A$ は正則でない）

○ $\begin{pmatrix} a_1 \\ a_2 \end{pmatrix},\ \begin{pmatrix} b_1 \\ b_2 \end{pmatrix}$ が線形独立 $\Longleftrightarrow \begin{vmatrix} a_1 & b_1 \\ a_2 & b_2 \end{vmatrix} \neq 0$

○ $\begin{pmatrix} a_1 \\ a_2 \\ a_3 \end{pmatrix},\ \begin{pmatrix} b_1 \\ b_2 \\ b_3 \end{pmatrix},\ \begin{pmatrix} c_1 \\ c_2 \\ c_3 \end{pmatrix}$ が線形独立 $\Longleftrightarrow \begin{vmatrix} a_1 & b_1 & c_1 \\ a_2 & b_2 & c_2 \\ a_3 & b_3 & c_3 \end{vmatrix} \neq 0$

●行列式の図形的意味

○ $\vec{a} = \begin{pmatrix} a_1 \\ a_2 \end{pmatrix}$ と $\vec{b} = \begin{pmatrix} b_1 \\ b_2 \end{pmatrix}$ によって定まる平行四辺形の面積は

$\begin{vmatrix} a_1 & b_1 \\ a_2 & b_2 \end{vmatrix}$ の絶対値に等しい.

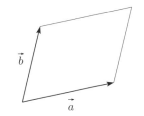

○ $\vec{a} = \begin{pmatrix} a_1 \\ a_2 \\ a_3 \end{pmatrix}$, $\vec{b} = \begin{pmatrix} b_1 \\ b_2 \\ b_3 \end{pmatrix}$, $\vec{c} = \begin{pmatrix} c_1 \\ c_2 \\ c_3 \end{pmatrix}$ によって定まる

平行六面体の体積は $\begin{vmatrix} a_1 & b_1 & c_1 \\ a_2 & b_2 & c_2 \\ a_3 & b_3 & c_3 \end{vmatrix}$ の絶対値に等しい.

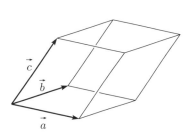

Basic

177 次の行列式の値を第 1 行に関する展開によって求めよ.　→教 p.104 問·1

(1) $\begin{vmatrix} 3 & 0 & 0 \\ 2 & -1 & 4 \\ 3 & 1 & 2 \end{vmatrix}$

(2) $\begin{vmatrix} 0 & -1 & 2 & 0 \\ 2 & 3 & 0 & 1 \\ -4 & 1 & 2 & 1 \\ 2 & 0 & -1 & 2 \end{vmatrix}$

178 次の行列式の値を, (1) については第 2 行, (2) については第 3 列に関する展開　→教 p.105 問·2

によって求めよ.

(1) $\begin{vmatrix} 2 & -1 & 3 & 0 \\ 3 & 0 & 0 & -2 \\ 1 & 3 & -2 & 1 \\ 1 & 2 & 0 & 1 \end{vmatrix}$

(2) $\begin{vmatrix} 3 & 2 & 0 & 2 \\ 1 & 0 & 2 & 1 \\ 2 & 1 & 3 & 0 \\ 0 & 3 & 0 & 2 \end{vmatrix}$

179 次の行列は正則であるかどうかを調べよ. 正則ならば, その逆行列を求めよ.　→教 p.108 問·3

(1) $\begin{pmatrix} 1 & 2 & 0 \\ 1 & -1 & 4 \\ 1 & 3 & -2 \end{pmatrix}$

(2) $\begin{pmatrix} 1 & 3 & 2 \\ 2 & 1 & -1 \\ 1 & 0 & -1 \end{pmatrix}$

(3) $\begin{pmatrix} 1 & -2 & 3 \\ -1 & 2 & 0 \\ 1 & 2 & -1 \end{pmatrix}$

180 次の連立 1 次方程式をクラメルの公式を用いて解け. →教p.110 問·4

(1) $\begin{cases} 2x + 3y = 5 \\ 3x + 2y = 2 \end{cases}$ (2) $\begin{cases} x + y + 2z = 1 \\ 2x - 2y + z = 2 \\ 2x + y + z = 1 \end{cases}$

(3) $\begin{cases} x + 2y + 3z = 1 \\ x + 3y + 5z = 0 \\ x + 5y + 12z = 0 \end{cases}$ (4) $\begin{cases} x - y + 3z = 2 \\ 2x + 3y - 4z = 1 \\ 3x - 2y + z = 3 \end{cases}$

181 次の連立 1 次方程式が (1) は $x = y = 0$ 以外, (2) は $x = y = z = 0$ 以外の解 →教p.112 問·5
をもつように定数 k の値を定めよ. また, そのときの解を求めよ.

(1) $\begin{cases} kx + 6y = 0 \\ 2x + 3y = 0 \end{cases}$ (2) $\begin{cases} x + y - z = 0 \\ x - y - 3z = 0 \\ 3x + ky - 5z = 0 \end{cases}$

182 次のベクトルの組は線形独立か, 線形従属かを調べよ. →教p.113 問·6

(1) $\begin{pmatrix} 2 \\ 3 \end{pmatrix}, \begin{pmatrix} -1 \\ 2 \end{pmatrix}$ (2) $\begin{pmatrix} 2 \\ -4 \end{pmatrix}, \begin{pmatrix} 3 \\ -6 \end{pmatrix}$

(3) $\begin{pmatrix} 1 \\ 2 \\ -1 \end{pmatrix}, \begin{pmatrix} 2 \\ 3 \\ 4 \end{pmatrix}, \begin{pmatrix} -2 \\ 1 \\ 3 \end{pmatrix}$ (4) $\begin{pmatrix} 3 \\ -1 \\ 1 \end{pmatrix}, \begin{pmatrix} 1 \\ -5 \\ -2 \end{pmatrix}, \begin{pmatrix} 2 \\ 4 \\ 3 \end{pmatrix}$

183 平面上の次の 3 点を頂点とする三角形の面積を求めよ. →教p.115 問·7

(1) $(3, 4), (-2, 1), (5, -2)$ (2) $(-4, -1), (-2, 1), (3, 0)$

184 次の 3 つのベクトルから作られる平行六面体の体積を求めよ. →教p.117 問·8

(1) $\begin{pmatrix} 1 \\ 2 \\ 1 \end{pmatrix}, \begin{pmatrix} -2 \\ 1 \\ 2 \end{pmatrix}, \begin{pmatrix} -1 \\ 1 \\ 3 \end{pmatrix}$ (2) $\begin{pmatrix} 1 \\ 2 \\ 2 \end{pmatrix}, \begin{pmatrix} -2 \\ 2 \\ 2 \end{pmatrix}, \begin{pmatrix} 2 \\ 3 \\ 1 \end{pmatrix}$

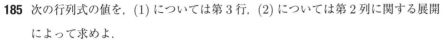

Check

185 次の行列式の値を，(1) については第 3 行，(2) については第 2 列に関する展開
によって求めよ．

$$(1) \quad \begin{vmatrix} 3 & 1 & 2 \\ -2 & 1 & 1 \\ 0 & 2 & 0 \end{vmatrix}$$
$$(2) \quad \begin{vmatrix} 2 & -3 & 0 & 1 \\ 0 & 0 & -1 & 2 \\ 1 & 0 & 2 & -1 \\ 0 & 2 & 1 & 0 \end{vmatrix}$$

186 余因子行列を用いて次の行列の逆行列を求めよ．

$$(1) \quad \begin{pmatrix} 0 & -2 & 0 \\ 0 & -3 & -1 \\ 1 & -1 & 0 \end{pmatrix}$$
$$(2) \quad \begin{pmatrix} 5 & 4 & 2 \\ 3 & 2 & -2 \\ 7 & 6 & 1 \end{pmatrix}$$

187 次の連立 1 次方程式をクラメルの公式を用いて解け．

$$(1) \quad \begin{cases} x - 2y - 4z = 1 \\ x + 3y + 3z = 0 \\ 3y + 4z = -1 \end{cases}$$
$$(2) \quad \begin{cases} x + 2y + z = 1 \\ x + 4y + 3z = 5 \\ 2x + 6y + 3z = 1 \end{cases}$$

188 次の連立 1 次方程式が $x = y = 0$ 以外の解をもつように定数 k の値を定めよ．
また，そのときの解を求めよ．

$$(1) \quad \begin{cases} kx + 2y = 0 \\ 3x + (k+1)y = 0 \end{cases}$$
$$(2) \quad \begin{cases} x + 2y = kx \\ 5x + 4y = ky \end{cases}$$

189 次のベクトルの組は線形独立か線形従属かを調べよ．

$$(1) \quad \begin{pmatrix} 1 \\ 1 \\ 1 \end{pmatrix}, \begin{pmatrix} 1 \\ 3 \\ 7 \end{pmatrix}, \begin{pmatrix} 3 \\ 9 \\ 27 \end{pmatrix}$$
$$(2) \quad \begin{pmatrix} 1 \\ 2 \\ 3 \end{pmatrix}, \begin{pmatrix} 4 \\ 5 \\ 6 \end{pmatrix}, \begin{pmatrix} 5 \\ 7 \\ 9 \end{pmatrix}$$

190 平面上の 4 点 A$(-3, -3)$, B$(4, -2)$, C$(5, 3)$, D$(-2, 2)$ を頂点とする平行
四辺形 ABCD の面積を求めよ．

191 次の 3 つのベクトルから作られる平行六面体の体積を求めよ．

$$\begin{pmatrix} 1 \\ -3 \\ 1 \end{pmatrix}, \begin{pmatrix} -3 \\ 2 \\ 1 \end{pmatrix}, \begin{pmatrix} 2 \\ -1 \\ 3 \end{pmatrix}$$

Step up

例題 クラメルの公式を用いて次の連立1次方程式を解け.

$$\begin{cases} x + y + z = 1 \\ ax + by + cz = d \qquad (a \neq b,\ b \neq c,\ c \neq a) \\ a^2x + b^2y + c^2z = d^2 \end{cases}$$

解　A を係数行列, $\Delta_1,\ \Delta_2,\ \Delta_3$ をクラメルの公式における行列式とする.

$$|A| = \begin{vmatrix} 1 & 1 & 1 \\ a & b & c \\ a^2 & b^2 & c^2 \end{vmatrix} = \begin{vmatrix} 1 & 0 & 0 \\ a & b-a & c-a \\ a^2 & b^2-a^2 & c^2-a^2 \end{vmatrix}$$

$$= (b-a)(c-a) \begin{vmatrix} 1 & 1 \\ b+a & c+a \end{vmatrix} = (a-b)(b-c)(c-a)$$

Δ_1 は, $|A|$ における a を d で置き換えればよい. また, $\Delta_2,\ \Delta_3$ も同様である.

$$\therefore\ x = \frac{(d-b)(c-d)}{(a-b)(c-a)},\ y = \frac{(a-d)(d-c)}{(a-b)(b-c)},\ z = \frac{(b-d)(d-a)}{(b-c)(c-a)} \qquad /\!/$$

192 $I_1,\ I_2,\ I_3$ を変数, $R_1,\ R_2,\ R_3,\ E_1$ を定数とするとき, クラメルの公式を用いて次の連立1次方程式を解け.

$$\begin{cases} I_1 + I_2 - I_3 = 0 \\ R_1 I_1 \qquad\quad + R_3 I_3 = 0 \\ \qquad\quad R_2 I_2 + R_3 I_3 = E_1 \end{cases}$$

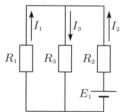

例題 O(0, 0, 0), A(2, 4, -3), B(1, 0, 1), C(-1, 0, 1) とするとき, 三角錐 OABC の体積を求めよ.

解　三角形 OAB の面積を S_1, 三角形 OAB を底面としたときの三角錐の高さを h, $\overrightarrow{OA},\ \overrightarrow{OB},\ \overrightarrow{OC}$ によって定まる平行六面体の体積を V とすると

$$(\text{三角錐の体積}) = \frac{1}{3}S_1 \times h$$

$$= \frac{1}{6} \times 2S_1 \times h = \frac{1}{6}V$$

$$\begin{vmatrix} 2 & 1 & -1 \\ 4 & 0 & 0 \\ -3 & 1 & 1 \end{vmatrix} = -8\ \text{だから}\quad V = |-8| = 8$$

よって, 三角錐の体積は平行六面体の体積の $\dfrac{1}{6}$ であり　$\dfrac{4}{3}$ 　$/\!/$

193 A(1, 0, 1), B(4, 3, 5), C(−1, 2, 1), D(2, −4, 0) とするとき, 三角錐
ABCD の体積を求めよ.

例題 4点 A(2, 0, 1), B(3, 3, −3), C(6, 1, −12), D(0, 5, 6) は同一平面上に
あることを行列式を用いて証明せよ.

$$\overrightarrow{AB} = \begin{pmatrix} 1 \\ 3 \\ -4 \end{pmatrix}, \quad \overrightarrow{AC} = \begin{pmatrix} 4 \\ 1 \\ -13 \end{pmatrix}, \quad \overrightarrow{AD} = \begin{pmatrix} -2 \\ 5 \\ 5 \end{pmatrix}$$

解

$$\begin{vmatrix} 1 & 4 & -2 \\ 3 & 1 & 5 \\ -4 & -13 & 5 \end{vmatrix} = 0 \text{ だから, } \overrightarrow{AB}, \overrightarrow{AC}, \overrightarrow{AD} \text{ が線形従属である.}$$

したがって, A, B, C, D は同一平面上にある.　　　　　　//

194 3つのベクトル

$$\begin{pmatrix} x \\ 0 \\ 1 \end{pmatrix}, \quad \begin{pmatrix} -1 \\ 2 \\ x \end{pmatrix}, \quad \begin{pmatrix} 1 \\ 2 \\ -3 \end{pmatrix}$$

が線形従属であるような x の値を求めよ.　　　　　　　　　(福井大)

例題 空間において, 3つのベクトル $\vec{a}, \vec{b}, \vec{c}$ が線形独立ならば, 任意のベクトル $\vec{p}$
は $\vec{a}, \vec{b}, \vec{c}$ の線形結合として表されることを証明せよ.

解

$$\vec{a} = \begin{pmatrix} a_1 \\ a_2 \\ a_3 \end{pmatrix}, \quad \vec{b} = \begin{pmatrix} b_1 \\ b_2 \\ b_3 \end{pmatrix}, \quad \vec{c} = \begin{pmatrix} c_1 \\ c_2 \\ c_3 \end{pmatrix}, \quad \vec{p} = \begin{pmatrix} p_1 \\ p_2 \\ p_3 \end{pmatrix} \text{ とする.}$$

l, m, n についての方程式 $l\vec{a} + m\vec{b} + n\vec{c} = \vec{p}$ を行列で表すと

$$\begin{pmatrix} a_1 & b_1 & c_1 \\ a_2 & b_2 & c_2 \\ a_3 & b_3 & c_3 \end{pmatrix} \begin{pmatrix} l \\ m \\ n \end{pmatrix} = \begin{pmatrix} p_1 \\ p_2 \\ p_3 \end{pmatrix} \qquad ①$$

$$A = \begin{pmatrix} a_1 & b_1 & c_1 \\ a_2 & b_2 & c_2 \\ a_3 & b_3 & c_3 \end{pmatrix} \text{ とおくと, } \vec{a}, \vec{b}, \vec{c} \text{ が線形独立より } |A| \neq 0$$

したがって，A は正則であり，①はただ 1 つの解

$$l = \frac{\Delta_1}{|A|}, \ m = \frac{\Delta_2}{|A|}, \ n = \frac{\Delta_3}{|A|}$$

をもつ．ただし，Δ_j はクラメルの公式における行列式である．　　　　　//

195 $\vec{a} = \begin{pmatrix} 1 \\ 0 \\ 0 \end{pmatrix}, \ \vec{b} = \begin{pmatrix} 1 \\ 1 \\ 0 \end{pmatrix}, \ \vec{c} = \begin{pmatrix} 1 \\ 1 \\ 1 \end{pmatrix}$ は線形独立であることを証明せよ．

また，$\vec{p} = \begin{pmatrix} 0 \\ 2 \\ -1 \end{pmatrix}$ を $\vec{a}, \ \vec{b}, \ \vec{c}$ の線形結合で表せ．

196 空間の $\vec{0}$ でないベクトル $\vec{a}, \ \vec{b}, \ \vec{c}$ が互いに垂直であるとする．$\vec{a}, \ \vec{b}, \ \vec{c}$ をこの順に列ベクトルとして並べてできる行列を A とおくとき，次の問いに答えよ．

(1) ^tAA を計算し，$|A|$ を求めよ．

(2) $\vec{a}, \ \vec{b}, \ \vec{c}$ は線形独立であることを証明せよ．

(3) 任意のベクトルを $\vec{p} = l\vec{a} + m\vec{b} + n\vec{c}$ とおくとき，$l, \ m, \ n$ を $\vec{a}, \ \vec{b}, \ \vec{c}, \ \vec{p}$ で表せ．

Plus

3
章

行
列
式

1——外積

空間の 2 つのベクトル $\vec{a} = \begin{pmatrix} a_1 \\ a_2 \\ a_3 \end{pmatrix}$, $\vec{b} = \begin{pmatrix} b_1 \\ b_2 \\ b_3 \end{pmatrix}$ に対して，次で定義されるベク

トルを $\vec{a}$, $\vec{b}$ の外積またはベクトル積といい，$\vec{a} \times \vec{b}$ で表す．

$$\vec{a} \times \vec{b} = \begin{pmatrix} a_2 b_3 - a_3 b_2 \\ a_3 b_1 - a_1 b_3 \\ a_1 b_2 - a_2 b_1 \end{pmatrix}$$

$$c_1 = \begin{vmatrix} a_2 & b_2 \\ a_3 & b_3 \end{vmatrix},$$

$$c_2 = \begin{vmatrix} a_1 & b_1 \\ a_3 & b_3 \end{vmatrix},$$

$$c_3 = \begin{vmatrix} a_1 & b_1 \\ a_2 & b_2 \end{vmatrix} \text{ とおくと}$$

$$\vec{a} \times \vec{b} = \begin{pmatrix} c_1 \\ -c_2 \\ c_3 \end{pmatrix}$$

外積 $\vec{a} \times \vec{b}$ について，次の性質をもつことが知られている．

(I) $\vec{a} \neq \vec{0}$, $\vec{b} \neq \vec{0}$ で，$\vec{a} /\!/ \vec{b}$ でない場合

(i) $\vec{a} \times \vec{b}$ の大きさは，$\vec{a}$, $\vec{b}$ で定まる平行四辺形の面積に一致する．すなわち，

$\vec{a}$, $\vec{b}$ のなす角を $\theta\,(0 < \theta < \pi)$ とするとき　　$|\vec{a} \times \vec{b}| = |\vec{a}||\vec{b}| \sin\theta$

(ii) $\vec{a} \times \vec{b}$ の向きは，この平行四辺形の面に垂直で，$\vec{a}$ を θ 回転して $\vec{b}$ に重なる

ように右ねじを回したとき，そのねじの進む方向である．

(II) $\vec{a} /\!/ \vec{b}$ の場合　または $\vec{a}$, $\vec{b}$ の少なくとも一方が $\vec{0}$ の場合は，$\vec{a} \times \vec{b} = \vec{0}$ となる．

$\vec{a} \times \vec{b}$ は基本ベクトル
$\vec{i}$, $\vec{j}$, $\vec{k}$ と，行列式の展
開公式を用いて，次のよう
に表すことができる．

$$\vec{a} \times \vec{b} = \begin{vmatrix} \vec{i} & \vec{j} & \vec{k} \\ a_1 & a_2 & a_3 \\ b_1 & b_2 & b_3 \end{vmatrix}$$

(行列式は形式的表現)

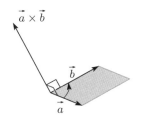

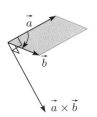

●注…．$\vec{a} \times \vec{b} = -\vec{b} \times \vec{a}$ である．外積では一般に $\vec{a} \times \vec{b} = \vec{b} \times \vec{a}$ が成り立たない．

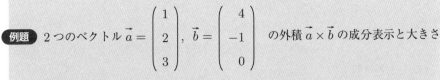

例題　2 つのベクトル $\vec{a} = \begin{pmatrix} 1 \\ 2 \\ 3 \end{pmatrix}$, $\vec{b} = \begin{pmatrix} 4 \\ -1 \\ 0 \end{pmatrix}$ の外積 $\vec{a} \times \vec{b}$ の成分表示と大きさ

を求めよ．

....

解　$\vec{a} \times \vec{b} = \begin{pmatrix} 2 \cdot 0 - 3 \cdot (-1) \\ 3 \cdot 4 - 1 \cdot 0 \\ 1 \cdot (-1) - 2 \cdot 4 \end{pmatrix} = \begin{pmatrix} 3 \\ 12 \\ -9 \end{pmatrix}$

$|\vec{a} \times \vec{b}| = 3\sqrt{1^2 + 4^2 + (-3)^2} = 3\sqrt{26}$　　　　//

197 次のベクトル $\vec{a}$, $\vec{b}$ の外積 $\vec{a} \times \vec{b}$ の成分表示と大きさを求めよ.

(1) $\vec{a} = \begin{pmatrix} 2 \\ 1 \\ 0 \end{pmatrix}$, $\vec{b} = \begin{pmatrix} 1 \\ 2 \\ 0 \end{pmatrix}$ $\qquad$ (2) $\vec{a} = \begin{pmatrix} 1 \\ 1 \\ 1 \end{pmatrix}$, $\vec{b} = \begin{pmatrix} 1 \\ -1 \\ 0 \end{pmatrix}$

(3) $\vec{a} = \begin{pmatrix} 1 \\ 3 \\ 5 \end{pmatrix}$, $\vec{b} = \begin{pmatrix} 2 \\ 0 \\ 1 \end{pmatrix}$ $\qquad$ (4) $\vec{a} = \begin{pmatrix} 1 \\ -1 \\ 2 \end{pmatrix}$, $\vec{b} = \begin{pmatrix} -2 \\ 2 \\ -4 \end{pmatrix}$

例題 3点 A$(1, 0, 2)$, B$(2, 3, 1)$, C$(3, 4, -1)$ を通る平面の方程式を求めよ.

解 $\overrightarrow{AB} = \begin{pmatrix} 1 \\ 3 \\ -1 \end{pmatrix}$, $\overrightarrow{AC} = \begin{pmatrix} 2 \\ 4 \\ -3 \end{pmatrix}$ より

$$\overrightarrow{AB} \times \overrightarrow{AC} = \begin{pmatrix} 3 \cdot (-3) - (-1) \cdot 4 \\ (-1) \cdot 2 - 1 \cdot (-3) \\ 1 \cdot 4 - 3 \cdot 2 \end{pmatrix} = \begin{pmatrix} -5 \\ 1 \\ -2 \end{pmatrix}$$

求める平面は, このベクトルを法線ベクトルとし, 点 A を通るから

$$-5(x - 1) + y - 2(z - 2) = 0 \quad \text{すなわち} \quad 5x - y + 2z = 9 \qquad //$$

---

198 空間内の 3 点 A$(1, 2, 1)$, B$(4, -1, 0)$, C$(2, 4, -1)$ について, 次の問いに答えよ.

(1) 外積 $\overrightarrow{AB} \times \overrightarrow{AC}$ の成分表示を求めよ.

(2) △ABC の面積を求めよ.

(3) 3 点 A, B, C を通る平面の方程式を求めよ.

2 ── 行列・行列式の分割

行列や行列式は, 適切な大きさのブロックに分割して考えると, 計算が容易になることがある. 例えば, 4 次の正方行列

$$\begin{pmatrix} 3 & -2 & 1 & 0 \\ 1 & 4 & 0 & 1 \\ 0 & 0 & 5 & -1 \\ 0 & 0 & 2 & 3 \end{pmatrix}$$

は, $A = \begin{pmatrix} 3 & -2 \\ 1 & 4 \end{pmatrix}$, $B = \begin{pmatrix} 5 & -1 \\ 2 & 3 \end{pmatrix}$ とおくと, 次のように表される.

$$\left(\begin{array}{cc|cc} 3 & -2 & 1 & 0 \\ 1 & 4 & 0 & 1 \\ \hline 0 & 0 & 5 & -1 \\ 0 & 0 & 2 & 3 \end{array}\right) = \left(\begin{array}{cc} A & E \\ O & B \end{array}\right)$$

ここでは，特に断らないかぎり，4 次の正方行列を考え，それをブロックに分割してできる各行列が 2 次の正方行列になる場合を扱う．

例題 次の等式を証明せよ．

$$\begin{pmatrix} A & B \\ C & D \end{pmatrix}\begin{pmatrix} X & Y \\ Z & W \end{pmatrix} = \begin{pmatrix} AX+BZ & AY+BW \\ CX+DZ & CY+DW \end{pmatrix}$$

解

$$\begin{pmatrix} A & B \\ C & D \end{pmatrix} = \begin{pmatrix} a_{11} & a_{12} & b_{11} & b_{12} \\ a_{21} & a_{22} & b_{21} & b_{22} \\ c_{11} & c_{12} & d_{11} & d_{12} \\ c_{21} & c_{22} & d_{21} & d_{22} \end{pmatrix}, \quad \begin{pmatrix} X & Y \\ Z & W \end{pmatrix} = \begin{pmatrix} x_{11} & x_{12} & y_{11} & y_{12} \\ x_{21} & x_{22} & y_{21} & y_{22} \\ z_{11} & z_{12} & w_{11} & w_{12} \\ z_{21} & z_{22} & w_{21} & w_{22} \end{pmatrix}$$

とおくと，$\begin{pmatrix} A & B \\ C & D \end{pmatrix}\begin{pmatrix} X & Y \\ Z & W \end{pmatrix}$ の $(1,\ 1)$ 成分は

$$a_{11}x_{11} + a_{12}x_{21} + b_{11}z_{11} + b_{12}z_{21}$$

一方，右辺の行列の $(1,\ 1)$ 成分は $AX + BZ$ の $(1,\ 1)$ 成分に等しいから

$$a_{11}x_{11} + a_{12}x_{21} + b_{11}z_{11} + b_{12}z_{21}$$

したがって，両辺の行列の $(1,\ 1)$ 成分は等しい．

同様に，他の対応する成分もそれぞれ等しいから，等式が成り立つ．　//

199 次の行列の積を，ブロックに分割して計算せよ．

$$\begin{pmatrix} 1 & 0 & 0 & 0 \\ 0 & 1 & 0 & 0 \\ 1 & 0 & 1 & 0 \\ 0 & 1 & 0 & 1 \end{pmatrix}\begin{pmatrix} 3 & -2 & 1 & 2 \\ 1 & 4 & 3 & 1 \\ 2 & 1 & 5 & -1 \\ 1 & 2 & 2 & 3 \end{pmatrix}$$

例題 次の等式を証明せよ．

(1) $\begin{pmatrix} A & C \\ O & B \end{pmatrix} = \begin{pmatrix} E & C \\ O & B \end{pmatrix}\begin{pmatrix} A & O \\ O & E \end{pmatrix}$

(2) $\begin{vmatrix} A & C \\ O & B \end{vmatrix} = |A|\,|B|$

(解)　(1) 右辺 $= \begin{pmatrix} EA+CO & EO+CE \\ OA+BO & OO+BE \end{pmatrix} = \begin{pmatrix} A & C \\ O & B \end{pmatrix} =$ 左辺

(2) $A = (a_{ij})$, $B = (b_{ij})$, $C = (c_{ij})$ とする.

$$\begin{vmatrix} E & C \\ O & B \end{vmatrix} = \begin{vmatrix} 1 & 0 & c_{11} & c_{12} \\ 0 & 1 & c_{21} & c_{22} \\ 0 & 0 & b_{11} & b_{12} \\ 0 & 0 & b_{21} & b_{22} \end{vmatrix} \underset{\text{関する展開}}{\overset{\text{第1列に}}{=\!=}} \begin{vmatrix} 1 & c_{21} & c_{22} \\ 0 & b_{11} & b_{12} \\ 0 & b_{21} & b_{22} \end{vmatrix}$$

$$\underset{\text{関する展開}}{\overset{\text{第1列に}}{=\!=}} \begin{vmatrix} b_{11} & b_{12} \\ b_{21} & b_{22} \end{vmatrix} = |B|$$

$$\begin{vmatrix} A & O \\ O & E \end{vmatrix} = \begin{vmatrix} a_{11} & a_{12} & 0 & 0 \\ a_{21} & a_{22} & 0 & 0 \\ 0 & 0 & 1 & 0 \\ 0 & 0 & 0 & 1 \end{vmatrix} \underset{\text{関する展開}}{\overset{\text{第4列に}}{=\!=}} (-1)^{4+4} \begin{vmatrix} a_{11} & a_{12} & 0 \\ a_{21} & a_{22} & 0 \\ 0 & 0 & 1 \end{vmatrix}$$

$$\underset{\text{関する展開}}{\overset{\text{第3列に}}{=\!=}} (-1)^{3+3} \begin{vmatrix} a_{11} & a_{12} \\ a_{21} & a_{22} \end{vmatrix} = |A|$$

したがって, (1) より

$$\begin{vmatrix} A & C \\ O & B \end{vmatrix} = \begin{vmatrix} E & C \\ O & B \end{vmatrix} \begin{vmatrix} A & O \\ O & E \end{vmatrix} = |B||A| = |A||B|$$

//

200 例題を用いて次の等式を証明せよ.

$$\begin{vmatrix} A & O \\ C & B \end{vmatrix} = |A||B|$$

201 次の行列式の値を求めよ.

(1) $\begin{vmatrix} 2 & 3 & -1 & 2 \\ 4 & 1 & 3 & 5 \\ 0 & 0 & -1 & 2 \\ 0 & 0 & 3 & 1 \end{vmatrix}$

(2) $\begin{vmatrix} -2 & 1 & 0 & 0 \\ 0 & 3 & 0 & 0 \\ 5 & 3 & 3 & -1 \\ 1 & 2 & 2 & 4 \end{vmatrix}$

202 A, B, C, D を n 次の正方行列とし, E, O をそれぞれ n 次の単位行列, 零行列とする. このとき, 次の問いに答えよ.

(1) 行列の積 $\begin{pmatrix} E & O \\ -C & E \end{pmatrix} \begin{pmatrix} E & B \\ C & D \end{pmatrix}$ を求めよ.

(2) $\begin{vmatrix} E & B \\ C & D \end{vmatrix} = |D - CB|$ となることを証明せよ.

(3) (2) を参考にして，次の等式を証明せよ.

$$\begin{vmatrix} A & B \\ C & E \end{vmatrix} = |A - BC|$$

203 次の行列式の値を求めよ.

(1) $\begin{vmatrix} 1 & 0 & -1 & 2 \\ 0 & 1 & 3 & 1 \\ 2 & 1 & 4 & 6 \\ 1 & 2 & 2 & 5 \end{vmatrix}$

(2) $\begin{vmatrix} 1 & 2 & -2 & 1 \\ 0 & 3 & 3 & 0 \\ 1 & 3 & 1 & 0 \\ 2 & -1 & 0 & 1 \end{vmatrix}$

204 次の問いに答えよ.

(1) $\begin{pmatrix} E & O \\ -E & E \end{pmatrix} \begin{pmatrix} A & B \\ B & A \end{pmatrix} \begin{pmatrix} E & O \\ E & E \end{pmatrix}$ を計算せよ.

(2) $\begin{vmatrix} A & B \\ B & A \end{vmatrix} = |A + B| \, |A - B|$ を証明せよ.

3──いろいろな問題

205 次の行列式の値を求めよ.

まず $(1,1)$ 成分が 1 となるようにせよ.

(1) $\begin{vmatrix} 3 & 1 & -1 & 2 \\ -5 & 1 & 3 & -4 \\ 2 & 0 & 1 & -1 \\ 1 & -5 & 3 & -3 \end{vmatrix}$

(2) $\begin{vmatrix} 3 & -2 & -6 & 4 \\ -7 & -6 & 8 & 21 \\ -4 & -7 & 9 & 11 \\ 2 & -3 & -5 & 8 \end{vmatrix}$

(3) $\begin{vmatrix} 1 & 1 & 2 & -1 & 2 \\ 0 & 1 & 1 & 2 & 3 \\ -1 & 0 & -1 & 2 & 2 \\ 0 & 2 & 1 & 0 & -1 \\ 1 & 3 & 2 & 1 & 0 \end{vmatrix}$

(4) $\begin{vmatrix} 2 & 1 & 0 & 0 & 0 \\ 3 & 2 & -1 & 0 & 0 \\ 4 & 0 & 2 & -1 & 0 \\ 5 & 0 & 0 & 2 & -1 \\ 6 & 0 & 0 & 0 & -1 \end{vmatrix}$

206 次の行列式を因数分解せよ.

(1) $\begin{vmatrix} x & x & y & x \\ y & y & y & x \\ x & y & x & x \\ x & y & y & y \end{vmatrix}$

(2) $\begin{vmatrix} 1 & 1 & 1 & 1 \\ a & a^2 & a^3 & a^4 \\ b & b^2 & b^3 & b^4 \\ c & c^2 & c^3 & c^4 \end{vmatrix}$

207 次の方程式を解け.

(1) $\begin{vmatrix} 1 & x & 1 \\ 1 & 1 & x \\ x & 1 & 1 \end{vmatrix} = 0$
(2) $\begin{vmatrix} x-2 & 5 & 10 \\ -1 & x+4 & 10 \\ -5 & 6 & x-6 \end{vmatrix} = 0$ 　(埼玉大)

208 次の等式を証明せよ.

$$\begin{vmatrix} 1+a^2 & ab & ac & ad \\ ba & 1+b^2 & bc & bd \\ ca & cb & 1+c^2 & cd \\ da & db & dc & 1+d^2 \end{vmatrix} = 1+a^2+b^2+c^2+d^2$$

209 行列 A を $\begin{pmatrix} 1 & 1 & 1 \\ k & -1 & -3 \\ 4 & 5 & 6 \end{pmatrix}$ とする.

(1) A の行列式を計算せよ.

(2) A の逆行列の成分がすべて整数となるような整数 k の値を求めよ.

(愛媛大)

210 O$(0, 0)$, A$(1, 2)$, B$(-2, 1)$, C$(-3, -2)$ とするとき, 四角形 OABC の面積を求めよ.

211 余因子行列を用いて次の行列の逆行列を求めよ.

(1) $\begin{pmatrix} a & b & c \\ 0 & a & d \\ 0 & 0 & a \end{pmatrix}$ $(a \neq 0)$
(2) $\begin{pmatrix} a & b & a \\ b & a & a \\ a & b & b \end{pmatrix}$ $(a^2 \neq b^2)$

212 次の連立方程式を行列とベクトルを用いて書き直し, クラメルの公式を用いて解け.

$$\begin{cases} 2x - y + z = 7 \\ x + 2y - 3z = -1 \\ x - 3y - z = -2 \end{cases}$$ 　(福井大)

行列の応用

線形変換

まとめ

●線形変換

○ 線形変換 $f : (x,\ y) \longmapsto (x',\ y')$ が

$$
\begin{cases}
x' = ax + by \\
y' = cx + dy
\end{cases}
\quad すなわち \quad
\begin{pmatrix} x' \\ y' \end{pmatrix}
=
\begin{pmatrix} a & b \\ c & d \end{pmatrix}
\begin{pmatrix} x \\ y \end{pmatrix}
$$

で表されるとき，$A = \begin{pmatrix} a & b \\ c & d \end{pmatrix}$ を線形変換 f を表す行列という．

○ 単位行列 E の表す線形変換を恒等変換という．

●線形変換の基本性質

$$f(\boldsymbol{p} + \boldsymbol{q}) = f(\boldsymbol{p}) + f(\boldsymbol{q}), \quad f(k\boldsymbol{p}) = kf(\boldsymbol{p}) \quad (k \text{ は実数})$$

●線形変換と図形

○ $\mathrm{P}' = f(\mathrm{P})$，$\boldsymbol{p}' = f(\boldsymbol{p})$ のとき，P' を P の像，$\boldsymbol{p}'$ を $\boldsymbol{p}$ の像という．

○ 図形 G 上の各点の f による像がつくる図形 G' を f による G の像という．

●線形変換と行列

○ 行列 A，B の表す線形変換をそれぞれ f，g とするとき，合成変換 $g{\circ}f$ は行列 BA で表される線形変換である．

○ 行列 A の表す線形変換 f が逆変換をもつための必要十分条件は，A が正則となることである．このとき逆変換 f^{-1} は A の逆行列 A^{-1} で表される．

○ 平面上で原点のまわりに θ 回転する変換を表す行列は $\begin{pmatrix} \cos\theta & -\sin\theta \\ \sin\theta & \cos\theta \end{pmatrix}$

●直交変換

○ ${}^tAA = E$ を満たす正方行列 A を直交行列といい，直交行列で表される線形変換を直交変換という．

○ f が直交変換のとき　$f(\boldsymbol{p}) \cdot f(\boldsymbol{q}) = \boldsymbol{p} \cdot \boldsymbol{q}, \quad |f(\boldsymbol{p})| = |\boldsymbol{p}|$

Basic

213 座標平面上の任意の点 $P(x, y)$ を y 軸に関して対称な点 $P'(x', y')$ に移す変換　→教 p.122 問·1
について，x', y' を x, y を用いて表せ.

214 次の式で定まる変換のうち線形変換はどれか. また，その線形変換を表す行列　→教 p.123 問·2
を求めよ.

(1) $\begin{cases} x' = x - 2 \\ y' = 3x + 2y \end{cases}$ 　　(2) $\begin{cases} x' = 4x + y \\ y' = 2x^2 + 5y \end{cases}$ 　　(3) $\begin{cases} x' = -3x + 2y \\ y' = x + y \end{cases}$

215 次の線形変換を表す行列を求めよ. また，点 $(3, -1)$ の像の座標を求めよ.　→教 p.124 問·3

(1) $\begin{pmatrix} x' \\ y' \end{pmatrix} = \begin{pmatrix} 2x + 5y \\ x - y \end{pmatrix}$ 　　　　(2) $\begin{pmatrix} x' \\ y' \end{pmatrix} = \begin{pmatrix} -2y \\ x - 2y \end{pmatrix}$

216 ベクトル $\begin{pmatrix} 3 \\ 1 \end{pmatrix}$, $\begin{pmatrix} 4 \\ 2 \end{pmatrix}$ をそれぞれ $\begin{pmatrix} 7 \\ 2 \end{pmatrix}$, $\begin{pmatrix} 12 \\ 3 \end{pmatrix}$ に移す線形変換を表す行列　→教 p.126 問·4
A を求めよ.

217 線形変換 f によって，ベクトル $\boldsymbol{p}$, $\boldsymbol{q}$ はそれぞれ $\begin{pmatrix} 2 \\ 3 \end{pmatrix}$, $\begin{pmatrix} 5 \\ -2 \end{pmatrix}$ に移される　→教 p.128 問·5
とする. このとき，次のベクトルの f による像を求めよ.

(1) $\boldsymbol{p} + \boldsymbol{q}$ 　　　　(2) $\boldsymbol{p} - \boldsymbol{q}$ 　　　　(3) $3\boldsymbol{p} + 2\boldsymbol{q}$

218 ベクトル $\boldsymbol{a} = \begin{pmatrix} 1 \\ 2 \end{pmatrix}$, $\boldsymbol{b} = \begin{pmatrix} -1 \\ 1 \end{pmatrix}$ をそれぞれ $\begin{pmatrix} 2 \\ 3 \end{pmatrix}$, $\begin{pmatrix} -3 \\ 1 \end{pmatrix}$ に移す線形変換　→教 p.129 問·6
を f とするとき，ベクトル $\boldsymbol{c} = \begin{pmatrix} -1 \\ 7 \end{pmatrix}$ の f による像を求めよ.

219 次の行列で表される線形変換によって，直線はそれぞれどのような図形に移さ　→教 p.129 問·7
れるか.

(1) $\begin{pmatrix} 2 & 0 \\ 2 & 1 \end{pmatrix}$, 直線 $y = 3x + 2$ 　　(2) $\begin{pmatrix} 5 & 1 \\ 10 & 2 \end{pmatrix}$, 直線 $2x + 3y = 6$

220 線形変換 f, g を表す行列をそれぞれ $A = \begin{pmatrix} 1 & 2 \\ -2 & 1 \end{pmatrix}$, $B = \begin{pmatrix} 3 & 2 \\ -1 & 1 \end{pmatrix}$ とす　→教 p.130 問·8
るとき，合成変換 $f \circ g$, $g \circ f$ について，変換を表す行列と点 $P(1, -1)$ の像をそ
れぞれ求めよ.

221 行列 $\begin{pmatrix} 2 & 1 \\ 3 & 4 \end{pmatrix}$ で表される線形変換を f とするとき，次の問いに答えよ. → 教 p.131 問·9

(1) 逆変換 f^{-1} を表す行列を求めよ.

(2) f によって点 $(2, -1)$ に移されるもとの点の座標を求めよ.

222 行列 $\begin{pmatrix} 3 & 1 \\ 5 & 2 \end{pmatrix}$, $\begin{pmatrix} 0 & 1 \\ -1 & 0 \end{pmatrix}$ で表される線形変換をそれぞれ f, g とするとき， → 教 p.132 問·10

次の問いに答えよ.

(1) 線形変換 f^{-1}, g^{-1}, $(f \circ g)^{-1}$, $f^{-1} \circ g^{-1}$ を表す行列を求めよ.

(2) f, g, $f \circ g$, $g \circ f$ によって点 $(1, 1)$ に移されるもとの点の座標を求めよ.

223 行列 $\begin{pmatrix} 3 & 1 \\ 4 & 2 \end{pmatrix}$ で表される線形変換 f によって直線 $y = 4x - 2$ に移されるも → 教 p.132 問·11

との図形を求めよ.

224 座標平面上の点 $(2, 6)$ を原点のまわりに $\dfrac{\pi}{3}$ だけ回転した点の座標を求めよ. → 教 p.133 問·12

225 点 $(3, 2)$ を 1 つの頂点とし，対角線の交点が原点となるような正方形の他の頂 → 教 p.133 問·13

点の座標をすべて求めよ.

226 次の行列の中から，直交行列を選べ. → 教 p.135 問·14

(1) $\begin{pmatrix} 0 & -1 \\ 1 & 0 \end{pmatrix}$　　　(2) $\begin{pmatrix} 0 & -1 \\ -1 & 0 \end{pmatrix}$

(3) $\begin{pmatrix} \dfrac{1}{\sqrt{2}} & \dfrac{1}{\sqrt{2}} \\ \dfrac{1}{\sqrt{2}} & -\dfrac{1}{\sqrt{2}} \end{pmatrix}$　　　(4) $\begin{pmatrix} \dfrac{1}{\sqrt{2}} & \dfrac{1}{\sqrt{2}} \\ \dfrac{1}{\sqrt{2}} & \dfrac{1}{\sqrt{2}} \end{pmatrix}$

(5) $\begin{pmatrix} \dfrac{1}{2} & \dfrac{1}{2} & -\dfrac{1}{\sqrt{2}} \\ -\dfrac{1}{\sqrt{2}} & \dfrac{1}{\sqrt{2}} & 0 \\ \dfrac{1}{2} & \dfrac{1}{2} & \dfrac{1}{\sqrt{2}} \end{pmatrix}$　　　(6) $\dfrac{1}{3}\begin{pmatrix} 2 & 1 & 2 \\ 1 & 2 & -2 \\ 2 & -2 & -1 \end{pmatrix}$

Check

227 次の線形変換を表す行列を求めよ.

(1) 線形変換 $f : \begin{pmatrix} x \\ y \end{pmatrix} \longmapsto \begin{pmatrix} 2y \\ y - 3x \end{pmatrix}$

(2) ベクトル $\begin{pmatrix} 1 \\ -1 \end{pmatrix}$, $\begin{pmatrix} 2 \\ 3 \end{pmatrix}$ をそれぞれ $\begin{pmatrix} 3 \\ -2 \end{pmatrix}$, $\begin{pmatrix} 3 \\ -1 \end{pmatrix}$ に移す線形変換

228 行列 $A = \begin{pmatrix} 2 & 0 \\ 1 & 3 \end{pmatrix}$, $B = \begin{pmatrix} 1 & -1 \\ -2 & 3 \end{pmatrix}$ で表される線形変換をそれぞれ f, g とする. このとき, $g{\circ}f$, $(f{\circ}g)^{-1}$ によって点 $(3,\ 2)$ はどのような点に移されるか.

229 行列 $\begin{pmatrix} 1 & 3 \\ 2 & 2 \end{pmatrix}$ の表す線形変換を f とする. このとき, 次の問いに答えよ.

(1) 直線 $y = 2x + 3$ の f による像を求めよ.

(2) 線形変換 f によって直線 $y = 2x + 3$ に移されるもとの図形を求めよ.

230 行列 $\begin{pmatrix} a & b \\ c & d \end{pmatrix}$ の表す線形変換 f によって, ベクトル $\begin{pmatrix} 4 \\ 1 \end{pmatrix}$, $\begin{pmatrix} 2 \\ 3 \end{pmatrix}$ は, ともに

ベクトル $\begin{pmatrix} 1 \\ -2 \end{pmatrix}$ に移されるとする. このとき, 次の問いに答えよ.

(1) $a,\ b,\ c,\ d$ の値を求めよ.

(2) 直線 $y = -x + 5$ の f による像を求めよ.

231 原点のまわりに $135°$ だけ回転する線形変換によって, 次の図形はどのような図形に移されるか.

(1) 点 $(2,\ 6)$ 　　(2) 直線 $y = 2x + 1$ 　　(3) 直線 $x - y = 2$

232 座標平面上の点を原点のまわりに $\alpha,\ \beta$ だけ回転する線形変換をそれぞれ f, g で表す. このとき, 次の問いに答えよ.

(1) f, g を表す行列を求めよ.

(2) $g{\circ}f$ を表す行列を行列の積を用いて求めよ.

(3) $g{\circ}f$ はどのような変換か.

Step up

例題 2 次の直交行列は次の 2 つの行列のいずれかの形をしていることを証明せよ.

$$\begin{pmatrix} \cos\theta & -\sin\theta \\ \sin\theta & \cos\theta \end{pmatrix}, \quad \begin{pmatrix} \cos\theta & \sin\theta \\ \sin\theta & -\cos\theta \end{pmatrix}$$

解 $A = \begin{pmatrix} a & b \\ c & d \end{pmatrix}$ とおき $\,{}^t\!AA = E$ に代入すると

$$a^2 + c^2 = 1,\ ab + cd = 0,\ b^2 + d^2 = 1$$

が成り立つ.

$a^2 + c^2 = 1$, $b^2 + d^2 = 1$ より点 $(a,\,c)$ と $(b,\,d)$ は原点中心, 半径 1 の円周

上にあるから, 適当な θ と θ_1 を用いて

$$\vec{x} = \begin{pmatrix} a \\ c \end{pmatrix} = \begin{pmatrix} \cos\theta \\ \sin\theta \end{pmatrix},\quad \vec{y} = \begin{pmatrix} b \\ d \end{pmatrix} = \begin{pmatrix} \cos\theta_1 \\ \sin\theta_1 \end{pmatrix}$$

とおくことができる. $ab + cd = 0$ から $\vec{x} \cdot \vec{y} = 0$

したがって $\theta_1 = \theta \pm \dfrac{\pi}{2}$ となるから

$$\vec{y} = \begin{pmatrix} \cos\left(\theta \pm \dfrac{\pi}{2}\right) \\ \sin\left(\theta \pm \dfrac{\pi}{2}\right) \end{pmatrix} = \begin{pmatrix} \mp\sin\theta \\ \pm\cos\theta \end{pmatrix} \quad \text{(複号同順)}$$

//

233 $\left(\dfrac{1}{3} \quad \dfrac{2}{3} \quad \dfrac{2}{3} \right)$ を第 1 行とする直交行列のうち, 対称行列であるものを求めよ.

例題 線形変換 f による 2 点 A, B の像をそれぞれ A′, B′ とする. A′ と B′ が異なる場合, 線分 AB の像は線分 A′B′ であることを証明せよ.

解 A, B の位置ベクトルをそれぞれ $\boldsymbol{a}$, $\boldsymbol{b}$ とすると $\overrightarrow{AB} = \boldsymbol{b} - \boldsymbol{a}$

したがって, 線分 AB のベクトル方程式は, 線分上の任意の点 P の位置ベクトルを $\boldsymbol{p}$ とするとき

$$\boldsymbol{p} = \boldsymbol{a} + t(\boldsymbol{b} - \boldsymbol{a}) = (1-t)\boldsymbol{a} + t\boldsymbol{b} \quad (0 \leqq t \leqq 1)$$

と表される. f による像を求めると

$$f(\boldsymbol{p}) = f((1-t)\boldsymbol{a} + t\boldsymbol{b}) = (1-t)f(\boldsymbol{a}) + tf(\boldsymbol{b}) \quad (0 \leqq t \leqq 1)$$

$f(\boldsymbol{a})$, $f(\boldsymbol{b})$, $f(\boldsymbol{p})$ をそれぞれ $\boldsymbol{a}'$, $\boldsymbol{b}'$, $\boldsymbol{p}'$ とおくと

$$\boldsymbol{p}' = (1-t)\boldsymbol{a}' + t\boldsymbol{b}' \quad (0 \leq t \leq 1)$$

$\boldsymbol{a}'$, $\boldsymbol{b}'$ は A′, B′ の位置ベクトルだから, 上のベクトル方程式は線分 A′B′ を表す.

//

234 行列 $\begin{pmatrix} 2 & 1 \\ 1 & 2 \end{pmatrix}$ の表す線形変換による次の図形の像を図示せよ.

(1) $(0,\ 0),\ (1,\ 0),\ (1,\ 1),\ (0,\ 1)$ を頂点とする正方形

(2) $(1,\ 0),\ (0,\ 1),\ (-1,\ 0),\ (0,\ -1)$ を頂点とする正方形

(3) $(1,\ 1),\ (-2,\ 2),\ (-1,\ -1),\ (2,\ -2)$ を頂点とするひし形

235 線形変換 f とベクトル $\boldsymbol{v}$ について,次の問いに答えよ. ただし, $\boldsymbol{v} \neq \boldsymbol{0},\ f(\boldsymbol{v}) \neq \boldsymbol{0}$ とする.

(1) $\boldsymbol{a}$ を位置ベクトルとする点 A を通り, $\boldsymbol{v}$ に平行な直線を ℓ とする. ℓ の f による像を求めよ.

(2) $\boldsymbol{v}$ に平行な 2 直線の f による像は平行な 2 直線であるか,または一致することを証明せよ.

例題 平面上の点を原点のまわりに $\dfrac{\pi}{4}$ だけ回転する線形変換 f により,双曲線 $x^2 - y^2 = 1$ はどのような図形に移されるか.

解 双曲線 $x^2 - y^2 = 1$ 上の任意の点 $\mathrm{P}(x,\ y)$ の f による像を $\mathrm{P}'(x',\ y')$ とおくと

$$\begin{pmatrix} x' \\ y' \end{pmatrix} = \begin{pmatrix} \cos\dfrac{\pi}{4} & -\sin\dfrac{\pi}{4} \\ \sin\dfrac{\pi}{4} & \cos\dfrac{\pi}{4} \end{pmatrix} \begin{pmatrix} x \\ y \end{pmatrix}$$

したがって

$$\begin{pmatrix} x \\ y \end{pmatrix} = \begin{pmatrix} \cos\dfrac{\pi}{4} & -\sin\dfrac{\pi}{4} \\ \sin\dfrac{\pi}{4} & \cos\dfrac{\pi}{4} \end{pmatrix}^{-1} \begin{pmatrix} x' \\ y' \end{pmatrix} = \begin{pmatrix} \dfrac{1}{\sqrt{2}} & \dfrac{1}{\sqrt{2}} \\ -\dfrac{1}{\sqrt{2}} & \dfrac{1}{\sqrt{2}} \end{pmatrix} \begin{pmatrix} x' \\ y' \end{pmatrix}$$

これから　$x = \dfrac{1}{\sqrt{2}}(x' + y'),\ y = \dfrac{1}{\sqrt{2}}(-x' + y')$

$x^2 - y^2 = 1$ に代入して　$\dfrac{1}{2}(x' + y')^2 - \dfrac{1}{2}(-x' + y')^2 = 1$

展開して整理すると $2x'y' = 1$ すなわち,双曲線 $2xy = 1$ に移される.　//

---

236 方程式 $(x - y)^2 = \sqrt{2}(x + y)$ で表される平面上の図形 G について,次の問いに答えよ.

(1) 原点のまわりに $\dfrac{\pi}{4}$ だけ回転する線形変換 f によって G はどのような図形に移されるか.

(2) G の概形をかけ.

237 行列 $\begin{pmatrix} 2 & 1 \\ 0 & -1 \end{pmatrix}$ の表す線形変換によって,方程式 $4x^2 + 4xy + 2y^2 = 1$ で表される図形はどのような図形に移されるか.

2　固有値とその応用

●固有値と固有ベクトル

○ 正方行列 A について

$$A\boldsymbol{x} = \lambda\boldsymbol{x} \quad (\boldsymbol{x} \neq \boldsymbol{0})$$

を満たすベクトル $\boldsymbol{x}$ が存在するとき，λ を A の固有値，$\boldsymbol{x}$ を固有値 λ に対する固有ベクトルという．

○ A の固有値は，固有方程式 $|A - \lambda E| = 0$ の解である．

○ 線形変換 f について，$f(\boldsymbol{x}) = \lambda\boldsymbol{x}\ (\boldsymbol{x} \neq \boldsymbol{0})$ を満たす $\boldsymbol{x}$ が存在するとき，λ を f の固有値，$\boldsymbol{x}$ を固有値 λ に対する固有ベクトルという．

●行列の対角化

n 次の正方行列 A が n 個の線形独立な固有ベクトル $\boldsymbol{x}_1,\ \boldsymbol{x}_2,\ \cdots,\ \boldsymbol{x}_n$ をもつとき，これらを並べた行列 $P = (\boldsymbol{x}_1\ \ \boldsymbol{x}_2\ \cdots\ \ \boldsymbol{x}_n)$ をとると

$$P^{-1}AP = \begin{pmatrix} \lambda_1 & 0 & \cdots & 0 \\ 0 & \lambda_2 & \ddots & \vdots \\ \vdots & \ddots & \ddots & 0 \\ 0 & \cdots & 0 & \lambda_n \end{pmatrix} \quad (\lambda_1,\ \lambda_2,\ \cdots,\ \lambda_n\ は\ A\ の固有値)$$

●対称行列の対角化

○ 対称行列の異なる固有値に対する固有ベクトルは互いに直交する．

○ 任意の対称行列は，直交行列によって対角化可能である．

●2 次形式　$F = ax^2 + bxy + cy^2$

○ $F = (x\ \ y) \begin{pmatrix} a & \dfrac{b}{2} \\ \dfrac{b}{2} & c \end{pmatrix} \begin{pmatrix} x \\ y \end{pmatrix} = {}^t\boldsymbol{x}A\boldsymbol{x}$

○ 直交行列 T によって ${}^tTAT = \begin{pmatrix} \alpha & 0 \\ 0 & \beta \end{pmatrix}$ と対角化するとき

$$\begin{pmatrix} x \\ y \end{pmatrix} = T \begin{pmatrix} x' \\ y' \end{pmatrix} \quad とおくと \quad ax^2 + bxy + cy^2 = \alpha x'^2 + \beta y'^2$$

$\alpha x'^2 + \beta y'^2$ を 2 次形式 $ax^2 + bxy + cy^2$ の標準形という．

Basic

238 $A = \begin{pmatrix} 4 & 1 \\ 1 & 4 \end{pmatrix}$ のとき，$\boldsymbol{x}_1 = \begin{pmatrix} 1 \\ 1 \end{pmatrix}$，$\boldsymbol{x}_2 = \begin{pmatrix} -1 \\ 1 \end{pmatrix}$ が A の固有ベクトルであ　→教 p.139 問·1
ることを確かめ，固有値を求めよ．

239 次の行列の固有値，固有ベクトルを求めよ．　→教 p.140 問·2

(1) $\begin{pmatrix} 1 & 4 \\ 4 & 1 \end{pmatrix}$　　　　　(2) $\begin{pmatrix} 2 & -1 \\ 1 & 4 \end{pmatrix}$

240 次の行列の固有値，固有ベクトルを求めよ．　→教 p.142 問·3

(1) $\begin{pmatrix} 1 & -1 & 1 \\ 0 & -7 & 6 \\ 0 & -9 & 8 \end{pmatrix}$　　　(2) $\begin{pmatrix} 1 & 2 & -2 \\ 0 & -1 & 2 \\ 3 & 1 & 4 \end{pmatrix}$

241 次の行列の固有値，固有ベクトルを求めよ．　→教 p.143 問·4

(1) $\begin{pmatrix} 2 & 1 & -1 \\ 1 & 2 & -1 \\ 2 & -1 & 1 \end{pmatrix}$　　　(2) $\begin{pmatrix} 1 & 0 & 0 \\ 1 & 1 & 0 \\ 0 & 0 & 1 \end{pmatrix}$

242 238 の $A = \begin{pmatrix} 4 & 1 \\ 1 & 4 \end{pmatrix}$ について，固有ベクトル $\boldsymbol{x}_1$，$\boldsymbol{x}_2$ を並べて，$P = \begin{pmatrix} 1 & -1 \\ 1 & 1 \end{pmatrix}$　→教 p.146 問·5
とおく．このとき，行列の積 $P^{-1}AP$ を計算せよ．

243 次の行列について，対角化行列を求めて対角化せよ．　→教 p.146 問·6

(1) $\begin{pmatrix} 1 & 5 \\ 3 & 3 \end{pmatrix}$　　　　　(2) $\begin{pmatrix} 2 & 2 \\ 3 & 1 \end{pmatrix}$

244 次の行列について，対角化行列を求めて対角化せよ．　→教 p.146 問·7

(1) $\begin{pmatrix} 1 & 2 & -2 \\ 2 & 1 & -2 \\ 5 & -5 & 1 \end{pmatrix}$　　　(2) $\begin{pmatrix} 1 & 0 & 0 \\ 3 & 2 & 5 \\ -1 & 3 & 0 \end{pmatrix}$

245 次の行列について，対角化可能な場合は対角化せよ．　→教 p.148 問·8

(1) $\begin{pmatrix} 2 & 0 & 0 \\ 1 & 1 & 2 \\ 0 & 0 & 2 \end{pmatrix}$　　　(2) $\begin{pmatrix} 0 & 1 & 2 \\ 1 & 1 & 1 \\ 0 & 1 & 2 \end{pmatrix}$

246 次の対称行列を直交行列により対角化せよ． →教p.150 問・9

(1) $\begin{pmatrix} 4 & 3 \\ 3 & -4 \end{pmatrix}$ (2) $\begin{pmatrix} -2 & 6 \\ 6 & 3 \end{pmatrix}$

(3) $\begin{pmatrix} 1 & -4 \\ -4 & 7 \end{pmatrix}$ (4) $\begin{pmatrix} 1 & 0 & -1 \\ 0 & 1 & 1 \\ -1 & 1 & 2 \end{pmatrix}$

247 対称行列 $A = \begin{pmatrix} 2 & 1 & -1 \\ 1 & 2 & -1 \\ -1 & -1 & 2 \end{pmatrix}$ を直交行列により対角化せよ． →教p.152 問・10

248 直交行列 $T = \begin{pmatrix} \dfrac{2}{\sqrt{5}} & -\dfrac{1}{\sqrt{5}} \\ \dfrac{1}{\sqrt{5}} & \dfrac{2}{\sqrt{5}} \end{pmatrix}$ とベクトル $\boldsymbol{x} = \begin{pmatrix} x \\ y \end{pmatrix}$, $\boldsymbol{x}' = \begin{pmatrix} x' \\ y' \end{pmatrix}$ が →教p.155 問・11

$\boldsymbol{x}' = {}^t T \boldsymbol{x}$ を満たすとき，$x,\ y$ と $F = 7x^2 + 8xy + y^2$ を $x',\ y'$ の式で表せ．

249 次の 2 次形式の標準形を求めよ．また，$x,\ y$ を $x',\ y'$ で表せ． →教p.155 問・12

(1) $4x^2 + 6xy - 4y^2$ (2) $2xy$

250 2 次形式 $5x^2 - 8xy + 5y^2$ の標準形を求め，2 次曲線 $5x^2 - 8xy + 5y^2 = 9$ の →教p.155 問・13
概形をかけ．

251 A が次のそれぞれの行列の場合に，A^n を求めよ．$(n = 1,\ 2,\ \cdots)$ →教p.156 問・14

(1) $\begin{pmatrix} 3 & 4 \\ 2 & 5 \end{pmatrix}$ (2) $\begin{pmatrix} 2 & 5 \\ 5 & 2 \end{pmatrix}$

Check

252 次の行列の固有値，固有ベクトルを求めよ．

(1) $\begin{pmatrix} 2 & 5 \\ 2 & -1 \end{pmatrix}$

(2) $\begin{pmatrix} 1 & 8 \\ 2 & 1 \end{pmatrix}$

253 次の行列の固有値，固有ベクトルを求めよ．

(1) $\begin{pmatrix} 1 & 1 & -1 \\ 2 & 2 & 1 \\ 2 & 0 & -3 \end{pmatrix}$

(2) $\begin{pmatrix} 2 & -5 & 0 \\ 3 & 1 & 3 \\ 0 & 5 & 2 \end{pmatrix}$

254 次の行列について，対角化可能な場合は対角化せよ．

(1) $\begin{pmatrix} 7 & -6 \\ 3 & -2 \end{pmatrix}$

(2) $\begin{pmatrix} 3 & -2 \\ 2 & -1 \end{pmatrix}$

(3) $\begin{pmatrix} 3 & 1 & 5 \\ 0 & 1 & 0 \\ 6 & 3 & 2 \end{pmatrix}$

(4) $\begin{pmatrix} 1 & -1 & -3 \\ 0 & 2 & 3 \\ 2 & 2 & 1 \end{pmatrix}$

(5) $\begin{pmatrix} 2 & 1 & 1 \\ -2 & -1 & -2 \\ -2 & -2 & -1 \end{pmatrix}$ （東京海洋大学）

255 次の対称行列を直交行列により対角化せよ．

(1) $\begin{pmatrix} 5 & 2 \\ 2 & 2 \end{pmatrix}$

(2) $\begin{pmatrix} 1 & 0 & 2 \\ 0 & 1 & 0 \\ 2 & 0 & 1 \end{pmatrix}$

256 対称行列 $A = \begin{pmatrix} 1 & 1 & -2 \\ 1 & 1 & 2 \\ -2 & 2 & -2 \end{pmatrix}$ を直交行列により対角化せよ．

257 2 次形式 $11x^2 - 10\sqrt{3}xy + y^2$ の標準形を求めよ．また，x, y を x', y' で表せ．

258 A が次のそれぞれの行列の場合に，A^n を求めよ．$(n = 1, 2, \cdots)$

(1) $\begin{pmatrix} 3 & -4 \\ 4 & -7 \end{pmatrix}$

(2) $\begin{pmatrix} -1 & 3 \\ 2 & 4 \end{pmatrix}$

Step up

例題

行列 $A = \begin{pmatrix} 1 & 2 & 2 \\ 1 & 3 & 1 \\ 2 & 2 & 1 \end{pmatrix}$ について A^n を求めよ. $(n = 1, 2, \cdots)$

解　A の固有値は $1, -1, 5$ であり, 対角化行列は　$P = \begin{pmatrix} 1 & -1 & 1 \\ -1 & 0 & 1 \\ 1 & 1 & 1 \end{pmatrix}$

$P^{-1}AP = \begin{pmatrix} 1 & 0 & 0 \\ 0 & -1 & 0 \\ 0 & 0 & 5 \end{pmatrix}$ だから, $D = \begin{pmatrix} 1 & 0 & 0 \\ 0 & -1 & 0 \\ 0 & 0 & 5 \end{pmatrix}$ とおいて

$A^n = (PDP^{-1})^n$

$\quad = PD^nP^{-1}$

$\quad = \begin{pmatrix} 1 & -1 & 1 \\ -1 & 0 & 1 \\ 1 & 1 & 1 \end{pmatrix} \begin{pmatrix} 1^n & 0 & 0 \\ 0 & (-1)^n & 0 \\ 0 & 0 & 5^n \end{pmatrix} \dfrac{1}{4} \begin{pmatrix} 1 & -2 & 1 \\ -2 & 0 & 2 \\ 1 & 2 & 1 \end{pmatrix}$

$\quad = \dfrac{1}{4} \begin{pmatrix} 5^n + 2 \cdot (-1)^n + 1 & 2 \cdot 5^n - 2 & 5^n - 2 \cdot (-1)^n + 1 \\ 5^n - 1 & 2 \cdot 5^n + 2 & 5^n - 1 \\ 5^n - 2 \cdot (-1)^n + 1 & 2 \cdot 5^n - 2 & 5^n + 2 \cdot (-1)^n + 1 \end{pmatrix}$　//

259 A が次のそれぞれの行列の場合に, A^n を求めよ. $(n = 1, 2, \cdots)$

(1) $\begin{pmatrix} -2 & 0 & 0 \\ -5 & 1 & -5 \\ 8 & 0 & 6 \end{pmatrix}$　(2) $\begin{pmatrix} 1 & 0 & -1 \\ 1 & 2 & 1 \\ 2 & 2 & 3 \end{pmatrix}$

260 $A = \begin{pmatrix} 1 & 2 & -2 \\ -7 & 1 & 7 \\ -7 & 2 & 6 \end{pmatrix}$ のとき, 次の問いに答えよ.

(1) A を対角化せよ.

(2) $X^3 = A$ を満たす X を 1 つ求めよ.

例題　A と ${}^t A$ は同じ固有値をもつことを証明せよ.

解　$|A - \lambda E| = |{}^t(A - \lambda E)| = |{}^t A - \lambda {}^t E| = |{}^t A - \lambda E|$

固有方程式が一致するから, A と ${}^t A$ は同じ固有値をもつ.　//

261 P が正則行列のとき，A と $P^{-1}AP$ の固有値は一致することを証明せよ．

例題 2 次曲線 $9x^2 - 4xy + 6y^2 = 10$ の概形をかけ．

⋯⋯⋯⋯⋯⋯⋯⋯⋯⋯⋯⋯⋯⋯⋯⋯⋯⋯⋯⋯⋯⋯⋯⋯⋯⋯⋯⋯⋯⋯⋯⋯⋯⋯⋯⋯⋯⋯

(解) $\begin{pmatrix} 9 & -2 \\ -2 & 6 \end{pmatrix}$ の固有値は　$\lambda = 5,\ 10$

それぞれに対する固有ベクトルは　$c_1 \begin{pmatrix} 1 \\ 2 \end{pmatrix},\ c_2 \begin{pmatrix} -2 \\ 1 \end{pmatrix}$　$(c_1 \neq 0,\ c_2 \neq 0)$

ここで直交行列 T を

$$T = \begin{pmatrix} \dfrac{1}{\sqrt{5}} & -\dfrac{2}{\sqrt{5}} \\ \dfrac{2}{\sqrt{5}} & \dfrac{1}{\sqrt{5}} \end{pmatrix}$$

とおき，$\cos\alpha = \dfrac{1}{\sqrt{5}}$，$\sin\alpha = \dfrac{2}{\sqrt{5}}$ を満たす角 α をとると

$$T = \begin{pmatrix} \cos\alpha & -\sin\alpha \\ \sin\alpha & \cos\alpha \end{pmatrix}$$

となるから，T は原点のまわりに α だけ回転する変換を表す．

$$\begin{pmatrix} x \\ y \end{pmatrix} = T \begin{pmatrix} x' \\ y' \end{pmatrix} = \frac{1}{\sqrt{5}} \begin{pmatrix} x' - 2y' \\ 2x' + y' \end{pmatrix}$$

とすると

$$5x'^2 + 10y'^2 = 10$$
$$\frac{x'^2}{2} + y'^2 = 1$$

よって，方程式 $9x^2 - 4xy + 6y^2 = 10$ は，楕円 $\dfrac{x^2}{2} + y^2 = 1$ を原点のまわりに α だけ回転した楕円である．$\tan\alpha = 2$ より長軸は直線 $y = 2x$ 上，短軸は直線 $y = -\dfrac{1}{2}x$ 上となる．　//

262 行列 $A = \begin{pmatrix} 5 & 1 \\ 1 & 5 \end{pmatrix}$，$P = \begin{pmatrix} \cos\theta & -\sin\theta \\ \sin\theta & \cos\theta \end{pmatrix}$　（θ は実数）について次の問いに答えよ．

(1) A の固有値とそれに対応する固有ベクトルを求めよ．

(2) $P^{-1}AP$ が対角行列となるように θ $\left(0 \leqq \theta \leqq \dfrac{\pi}{2}\right)$ の値を求めよ．

(3) 曲線 $5x^2 + 2xy + 5y^2 - 12 = 0$ の概形をかけ．

263 2 次曲線 $4x^2 - 6xy - 4y^2 = -5$ の概形をかけ．

Plus

1──固有多項式

正方行列 A の対角成分の和を A の**トレース**といい，$\mathrm{tr}(A)$ で表す．

例題 2 次の正方行列 A の固有値を α, β とするとき，以下を証明せよ．

(1) A の固有多項式は $\lambda^2 - \mathrm{tr}(A)\lambda + |A|$ である．

(2) $\mathrm{tr}(A) = \alpha + \beta$, $|A| = \alpha\beta$ が成り立つ．

(3) $A^2 - \mathrm{tr}(A)A + |A|E = O$ が成り立つ．

解 $A = \begin{pmatrix} a & b \\ c & d \end{pmatrix}$ とする．

(1) $|A - \lambda E| = (a - \lambda)(d - \lambda) - bc = \lambda^2 - (a + d)\lambda + ad - bc$

$\qquad\qquad = \lambda^2 - \mathrm{tr}(A)\lambda + |A|$

(2) 固有方程式の解が α, β になるから，解と係数の関係より

$$\mathrm{tr}(A) = \alpha + \beta, \quad |A| = \alpha\beta$$

(3) $A^2 - \mathrm{tr}(A)A + |A|E = A^2 - (a + d)A + (ad - bc)E$

$= \begin{pmatrix} a & b \\ c & d \end{pmatrix}^2 - (a + d)\begin{pmatrix} a & b \\ c & d \end{pmatrix} + (ad - bc)\begin{pmatrix} 1 & 0 \\ 0 & 1 \end{pmatrix}$

$= \begin{pmatrix} a^2 + bc & ab + bd \\ ac + cd & bc + d^2 \end{pmatrix} - \begin{pmatrix} a^2 + ad & ab + bd \\ ac + cd & ad + d^2 \end{pmatrix} + \begin{pmatrix} ad - bc & 0 \\ 0 & ad - bc \end{pmatrix}$

$= O$ ／／

● 注…(3) の関係式を**ケイリー・ハミルトンの定理**という．

264 $A = \begin{pmatrix} 3 & -3 \\ 6 & -5 \end{pmatrix}$ のとき，次の問いに答えよ．

(1) 固有多項式を求めよ．

(2) $\lambda^5 + 3\lambda^3$ を固有多項式で割ったときの商と余りを求め，等式で表せ．

(3) $A^5 + 3A^3$ を求めよ．

(3) ケイリー・ハミルトンの定理より
$A^2 + 2A + 3E = O$
であることを用いよ．

265 2 次の正方行列 A, B について，以下を証明せよ．

(1) $\mathrm{tr}(AB) = \mathrm{tr}(BA)$

(2) 行列 AB と行列 BA の固有多項式は一致する．

266 2 次の正方行列 A と正則な行列 P について，$\mathrm{tr}(P^{-1}AP) = \mathrm{tr}(A)$ を証明せよ．

2——連立漸化式

数列 $\{x_n\}$, $\{y_n\}$ についての連立漸化式

$$\begin{cases} x_n = a\,x_{n-1} + b\,y_{n-1} \\ y_n = c\,x_{n-1} + d\,y_{n-1} \end{cases}$$

は，行列を用いて次のように表すことができる．

$$\begin{pmatrix} x_n \\ y_n \end{pmatrix} = \begin{pmatrix} a & b \\ c & d \end{pmatrix} \begin{pmatrix} x_{n-1} \\ y_{n-1} \end{pmatrix}$$

ここで，$\boldsymbol{x}_n = \begin{pmatrix} x_n \\ y_n \end{pmatrix}$, $A = \begin{pmatrix} a & b \\ c & d \end{pmatrix}$ とおくと

$$\boldsymbol{x}_n = A\boldsymbol{x}_{n-1} = A^2\boldsymbol{x}_{n-2} = \cdots = A^{n-1}\boldsymbol{x}_1$$

この関係式から一般項 x_n, y_n を求めることができる．

例題 数列 $\{x_n\}$, $\{y_n\}$ を次の連立漸化式で定める．

$$\begin{cases} x_n = x_{n-1} + y_{n-1} \\ y_n = -2x_{n-1} + 4y_{n-1} \end{cases} \qquad (n \geqq 2)$$

$x_1 = 0$, $y_1 = 1$ のとき，一般項 x_n と y_n を求めよ．

解 $A = \begin{pmatrix} 1 & 1 \\ -2 & 4 \end{pmatrix}$ の固有値は　$\lambda = 2, 3$

それぞれに対する固有ベクトルは　$c_1 \begin{pmatrix} 1 \\ 1 \end{pmatrix}$, $c_2 \begin{pmatrix} 1 \\ 2 \end{pmatrix}$ $(c_1 \neq 0,\ c_2 \neq 0)$

$P = \begin{pmatrix} 1 & 1 \\ 1 & 2 \end{pmatrix}$ とおくと $P^{-1}AP = \begin{pmatrix} 2 & 0 \\ 0 & 3 \end{pmatrix}$ より $A = P\begin{pmatrix} 2 & 0 \\ 0 & 3 \end{pmatrix}P^{-1}$

よって　$\begin{pmatrix} x_n \\ y_n \end{pmatrix} = A^{n-1}\begin{pmatrix} x_1 \\ y_1 \end{pmatrix} = P\begin{pmatrix} 2^{n-1} & 0 \\ 0 & 3^{n-1} \end{pmatrix}P^{-1}\begin{pmatrix} 0 \\ 1 \end{pmatrix}$

$$= \begin{pmatrix} -2^{n-1} + 3^{n-1} \\ -2^{n-1} + 2 \cdot 3^{n-1} \end{pmatrix}$$

$\therefore$　$x_n = -2^{n-1} + 3^{n-1}$, $y_n = -2^{n-1} + 2 \cdot 3^{n-1}$ ∥

別解 A の固有ベクトルを $\boldsymbol{p}_1 = \begin{pmatrix} 1 \\ 1 \end{pmatrix}$, $\boldsymbol{p}_2 = \begin{pmatrix} 1 \\ 2 \end{pmatrix}$ とおくと

$A\boldsymbol{p}_1 = 2\boldsymbol{p}_1$, $A\boldsymbol{p}_2 = 3\boldsymbol{p}_2$ より $A^n\boldsymbol{p}_1 = 2^n\boldsymbol{p}_1$, $A^n\boldsymbol{p}_2 = 3^n\boldsymbol{p}_2$

一方 $\boldsymbol{x}_1 = \begin{pmatrix} 0 \\ 1 \end{pmatrix}$, $\boldsymbol{x}_n = \begin{pmatrix} x_n \\ y_n \end{pmatrix}$ とおくと $\boldsymbol{x}_1 = -\boldsymbol{p}_1 + \boldsymbol{p}_2$, $\boldsymbol{x}_n = A^{n-1}\boldsymbol{x}_1$

よって $\boldsymbol{x}_n = A^{n-1}\boldsymbol{x}_1 = A^{n-1}(-\boldsymbol{p}_1 + \boldsymbol{p}_2) = -A^{n-1}\boldsymbol{p}_1 + A^{n-1}\boldsymbol{p}_2$

$$= -2^{n-1}\boldsymbol{p}_1 + 3^{n-1}\boldsymbol{p}_2 = \begin{pmatrix} -2^{n-1} + 3^{n-1} \\ -2^{n-1} + 2\cdot 3^{n-1} \end{pmatrix} \qquad \text{//}$$

267 2 つの数列 $x_n,\ y_n$ の間に

$$x_n = x_{n-1} + 4y_{n-1}$$
$$y_n = 2x_{n-1} + 3y_{n-1}$$

なる関係がある．ただし，n は自然数とし，$x_0 = -2,\ y_0 = 2$ とする．このとき，$x_n,\ y_n$ を n を使って表せ． (埼玉大)

3──3 変数の 2 次形式

変数 $x,\ y,\ z$ についての 2 次式

$$F(x,\ y,\ z) = ax^2 + by^2 + cz^2 + dxy + eyz + fzx \tag{1}$$

を，2 変数の場合と同様に，2 次形式という．

$$A = \begin{pmatrix} a & \dfrac{d}{2} & \dfrac{f}{2} \\ \dfrac{d}{2} & b & \dfrac{e}{2} \\ \dfrac{f}{2} & \dfrac{e}{2} & c \end{pmatrix}, \quad \boldsymbol{x} = \begin{pmatrix} x \\ y \\ z \end{pmatrix}$$

とおくと，(1) は次のように表すことができる．

$$F(x,\ y,\ z) = {}^t\boldsymbol{x}A\boldsymbol{x} \tag{2}$$

対称行列 A を直交行列 T によって

$$^tTAT = D = \begin{pmatrix} \alpha & 0 & 0 \\ 0 & \beta & 0 \\ 0 & 0 & \gamma \end{pmatrix}$$

と対角化するとき，新しいベクトル $\boldsymbol{x}'$ を

$$\begin{pmatrix} x \\ y \\ z \end{pmatrix} = T \begin{pmatrix} x' \\ y' \\ z' \end{pmatrix} \quad \text{すなわち} \quad \boldsymbol{x} = T\boldsymbol{x}'$$

で定めると，$F(x,\ y,\ z)$ は次のように変形される．

$$F(x,\ y,\ z) = {}^t\boldsymbol{x}A\boldsymbol{x} = {}^t(T\boldsymbol{x}')\,AT\boldsymbol{x}'$$
$$= {}^t\boldsymbol{x}'\,{}^tTAT\boldsymbol{x}' = {}^t\boldsymbol{x}'D\boldsymbol{x}'$$
$$= \alpha x'^2 + \beta y'^2 + \gamma z'^2$$

$\alpha x'^2 + \beta y'^2 + \gamma z'^2$ を $F(x,\ y,\ z)$ の標準形という．

> **例題** 2 次形式 $x^2 - y^2 - z^2 - 2xy + 2yz - 2zx$ の標準形を求めよ．また，$x,\ y,\ z$ を $x',\ y',\ z'$ で表せ．

解　$A = \begin{pmatrix} 1 & -1 & -1 \\ -1 & -1 & 1 \\ -1 & 1 & -1 \end{pmatrix}$ の固有値は　$-2, -1, 2$

それぞれに対する固有ベクトルは

$$c_1 \begin{pmatrix} 0 \\ 1 \\ -1 \end{pmatrix}, \ c_2 \begin{pmatrix} 1 \\ 1 \\ 1 \end{pmatrix}, \ c_3 \begin{pmatrix} -2 \\ 1 \\ 1 \end{pmatrix} \quad (c_1 \neq 0, \ c_2 \neq 0, \ c_3 \neq 0)$$

ここで

$$T = \begin{pmatrix} 0 & \dfrac{1}{\sqrt{3}} & -\dfrac{2}{\sqrt{6}} \\ \dfrac{1}{\sqrt{2}} & \dfrac{1}{\sqrt{3}} & \dfrac{1}{\sqrt{6}} \\ -\dfrac{1}{\sqrt{2}} & \dfrac{1}{\sqrt{3}} & \dfrac{1}{\sqrt{6}} \end{pmatrix}, \ \begin{pmatrix} x \\ y \\ z \end{pmatrix} = T \begin{pmatrix} x' \\ y' \\ z' \end{pmatrix}$$

とおくと

$$x^2 - y^2 - z^2 - 2xy + 2yz - 2zx = -2x'^2 - y'^2 + 2z'^2$$

また

$$x = \frac{1}{\sqrt{3}} y' - \frac{2}{\sqrt{6}} z'$$
$$y = \frac{1}{\sqrt{2}} x' + \frac{1}{\sqrt{3}} y' + \frac{1}{\sqrt{6}} z'$$
$$z = -\frac{1}{\sqrt{2}} x' + \frac{1}{\sqrt{3}} y' + \frac{1}{\sqrt{6}} z' \qquad //$$

268 2 次形式 $3x^2 + 3y^2 + 4z^2 - 2yz - 2zx$ の標準形を求めよ．また，x, y, z を x', y', z' で表せ．

4 ── 最大最小問題への応用

標準形は，次のような最大最小問題に利用することができる．

例題　$x^2 + y^2 = 1$ のとき，関数 $f(x, y) = 4x^2 - 6xy + 4y^2$ の最大値と最小値を求めよ．

⋯⋯⋯⋯⋯⋯⋯⋯⋯⋯⋯⋯⋯⋯⋯⋯⋯⋯⋯⋯⋯⋯⋯⋯⋯⋯⋯⋯⋯⋯⋯⋯⋯⋯⋯⋯⋯⋯

解　$A = \begin{pmatrix} 4 & -3 \\ -3 & 4 \end{pmatrix}$ の固有値は　$1, 7$

それぞれに対する固有ベクトルは　$c_1 \begin{pmatrix} 1 \\ 1 \end{pmatrix}, \ c_2 \begin{pmatrix} -1 \\ 1 \end{pmatrix} \quad (c_1 \neq 0, \ c_2 \neq 0)$

$$T = \begin{pmatrix} \dfrac{1}{\sqrt{2}} & -\dfrac{1}{\sqrt{2}} \\ \dfrac{1}{\sqrt{2}} & \dfrac{1}{\sqrt{2}} \end{pmatrix}, \ \begin{pmatrix} x \\ y \end{pmatrix} = T \begin{pmatrix} x' \\ y' \end{pmatrix}$$

とおくと

$$4x^2 - 6xy + 4y^2 = x'^2 + 7y'^2, \quad x^2 + y^2 = x'^2 + y'^2$$

よって，$x'^2 + y'^2 = 1$ のときの $x'^2 + 7y'^2$ の最大値と最小値を求めればよい．

$$x'^2 + 7y'^2 = (1 - y'^2) + 7y'^2 = 1 + 6y'^2, \quad -1 \leqq y' \leqq 1$$

したがって

$(x', y') = (0, \pm 1)$ すなわち $(x, y) = \left(\mp\dfrac{1}{\sqrt{2}}, \pm\dfrac{1}{\sqrt{2}}\right)$ のとき　最大値 7

（複号同順）

$(x', y') = (\pm 1, 0)$ すなわち $(x, y) = \left(\pm\dfrac{1}{\sqrt{2}}, \pm\dfrac{1}{\sqrt{2}}\right)$ のとき　最小値 1

（複号同順）//

269 次の問いに答えよ．

(1) 対称行列 $A = \begin{pmatrix} 3 & 1 & 1 \\ 1 & 3 & 1 \\ 1 & 1 & 3 \end{pmatrix}$ の固有値と固有ベクトルを求めよ．

(2) 球面 $x^2 + y^2 + z^2 = 1$ 上において，関数

$$f(x, y, z) = 3x^2 + 3y^2 + 3z^2 + 2xy + 2yz + 2zx$$

の最大値と最小値を求めよ．

5──空間における直交変換

　T を 3 次の直交行列とする．3 次の正方行列の固有方程式は 3 次方程式だから，3 次関数のグラフを考慮すると，少なくとも 1 つの実数解をもつ．したがって，T は少なくとも 1 つの実数の固有値 λ をもつ．その固有ベクトルを $\boldsymbol{x}$ とおくと

$$T\boldsymbol{x} = \lambda\boldsymbol{x} \quad (\boldsymbol{x} \neq \boldsymbol{0})$$

直交変換は大きさを変えない変換だから　$|T\boldsymbol{x}| = |\boldsymbol{x}|$

$$|T\boldsymbol{x}| = |\lambda\boldsymbol{x}| = |\lambda||\boldsymbol{x}| = |\boldsymbol{x}|$$

$\boldsymbol{x} \neq \boldsymbol{0}$ だから　$|\boldsymbol{x}| \neq 0$

よって，$|\lambda| = 1$，すなわち 3 次の直交行列は 1 か -1 の固有値をもつ．

例題

直交行列 $T = \begin{pmatrix} \dfrac{2}{3} & \dfrac{1}{3} & \dfrac{2}{3} \\ -\dfrac{2}{3} & \dfrac{2}{3} & \dfrac{1}{3} \\ -\dfrac{1}{3} & -\dfrac{2}{3} & \dfrac{2}{3} \end{pmatrix}$ が原点を通る直線のまわりの回転を表す

とき，その回転軸と回転角を求めよ．

解　回転変換では回転軸上のベクトルは，変換によって動かない．したがって，回転軸上のベクトルは，$\lambda = 1$ の固有ベクトルである．これを求めると

$$\lambda = 1 \text{ のとき } \quad \boldsymbol{x} = c_1 \begin{pmatrix} 1 \\ -1 \\ 1 \end{pmatrix} \quad (c_1 \neq 0)$$

この固有ベクトル $\boldsymbol{x}$ と平行で，原点を通る直線 $x = -y = z$ が回転軸である．軸（固有ベクトル $\boldsymbol{x}$）に垂直なベクトル $\boldsymbol{u}$ をとり，$\boldsymbol{u}$ を変換したベクトルを $\boldsymbol{u}'$ とすると，ベクトル $\boldsymbol{u}$, $\boldsymbol{u}'$ のなす角がこの回転変換の回転角である．

$$\boldsymbol{u} = \begin{pmatrix} 1 \\ 1 \\ 0 \end{pmatrix} \text{ とすると } \quad \boldsymbol{u}' = \begin{pmatrix} 1 \\ 0 \\ -1 \end{pmatrix}$$

$\boldsymbol{u}$, $\boldsymbol{u}'$ のなす角を θ とすると

$$\cos \theta = \frac{\boldsymbol{u} \cdot \boldsymbol{u}'}{|\boldsymbol{u}||\boldsymbol{u}'|} = \frac{1}{2} \quad \text{したがって，回転角は } \quad \theta = \frac{\pi}{3} \qquad /\!/$$

270 直交行列 $T = \dfrac{1}{7} \begin{pmatrix} 2 & 3 & 6 \\ 3 & -6 & 2 \\ 6 & 2 & -3 \end{pmatrix}$ が，原点を通る直線のまわりの回転を表す

とき，その回転軸と回転角を求めよ．

例題 空間内の点 $\mathrm{P}(x, y, z)$ を平面 $x - y = 0$ に関して対称に移動した点を $\mathrm{P}'(x', y', z')$ とする．この線形変換を表す行列を求めよ．
....

解　平面 $x - y = 0$ は z 軸を含む平面だから　$z' = z$

点 P, P′ の xy 平面への正射影を Q, Q′ とすると，Q, Q′ は xy 平面上の直線 $y = x$ に関して対称だから，$x' = y$, $y' = x$ が成り立つ．したがって

$$\begin{pmatrix} x' \\ y' \\ z' \end{pmatrix} = \begin{pmatrix} 0 & 1 & 0 \\ 1 & 0 & 0 \\ 0 & 0 & 1 \end{pmatrix} \begin{pmatrix} x \\ y \\ z \end{pmatrix} \quad \text{より，求める行列は} \quad \begin{pmatrix} 0 & 1 & 0 \\ 1 & 0 & 0 \\ 0 & 0 & 1 \end{pmatrix} \qquad /\!/$$

271 空間内の次の線形変換を表す行列を求めよ．

(1) 平面 $x + y + z = 0$ に関する対称変換

(2) 直線 $x = y = z$ に関する対称変換

6──いろいろな問題

272 行列 $\begin{pmatrix} a & 1 \\ 1 & b \end{pmatrix}$ で表される線形変換 f によって，直線 $y = 2x + 1$ が直線 $y = 3x - 2$ に移されるとき，定数 a, b の値を求めよ．

273 線形変換 f によって，ベクトル $\begin{pmatrix} 1 \\ 1 \end{pmatrix}$ は自分自身に移り，x 軸に平行なベクトルはもとのベクトルに平行なベクトルに，直線 $y = 2x$ に平行なベクトルはもとのベクトルに垂直なベクトルに移るとする．f を表す行列を求めよ．

274 行列 $\begin{pmatrix} 4 & 6 \\ 1 & 3 \end{pmatrix}$ で表される線形変換 f について，次の問いに答えよ．

(1) f によって，自分自身に移される点はどのような図形上にあるか．

(2) f によって，直線 $y = mx$ 上の点がまたこの直線上に移されるとき，m の値を求めよ．

275 行列 $A = \begin{pmatrix} -8 & 6 \\ -9 & 7 \end{pmatrix}$ について，次の問いに答えよ．

(1) A の固有値および固有ベクトルを求めよ．

(2) ベクトル $\begin{pmatrix} 0 \\ 1 \end{pmatrix}$ を A の固有ベクトルの線形結合で表せ．

(3) 自然数 n に対して，$A^n \begin{pmatrix} 0 \\ 1 \end{pmatrix}$ を求めよ． (茨城大)

276 行列 A の固有値 $\lambda_1, \lambda_2, \lambda_3$ が互いに異なるとき，それらの固有値に対する固有ベクトル $\boldsymbol{x}_1, \boldsymbol{x}_2, \boldsymbol{x}_3$ は線形独立であることを証明せよ．

$c_1 \boldsymbol{x}_1 + c_2 \boldsymbol{x}_2 + c_3 \boldsymbol{x}_3 = \boldsymbol{0}$ とおき，両辺に左から A を掛けよ．

277 A と B が n 次の正方行列のとき，AB と BA の固有値は一致することを証明せよ．

278 $A \neq O$，$A \neq E$ のとき，$A^2 = A$ を満たす行列 A の固有値には 0 と 1 の両方が必ず存在することを証明せよ．

解答

1 平面のベクトル

Basic

1 $|\overrightarrow{\mathrm{OA}}| = 1$, $|\overrightarrow{\mathrm{AB}}| = 1$, $|\overrightarrow{\mathrm{BE}}| = 2$

$|\overrightarrow{\mathrm{CO}}| = 1$, $|\overrightarrow{\mathrm{DA}}| = 2$, $|\overrightarrow{\mathrm{EF}}| = 1$

等しいベクトル $\overrightarrow{\mathrm{OA}}$ と $\overrightarrow{\mathrm{EF}}$

単位ベクトル $\overrightarrow{\mathrm{OA}}$, $\overrightarrow{\mathrm{AB}}$, $\overrightarrow{\mathrm{CO}}$, $\overrightarrow{\mathrm{EF}}$

2 $\overrightarrow{\mathrm{AB}}$ と $\overrightarrow{\mathrm{DE}}$, $\overrightarrow{\mathrm{BC}}$ と $\overrightarrow{\mathrm{EF}}$, $\overrightarrow{\mathrm{CD}}$ と $\overrightarrow{\mathrm{FA}}$

3 (1) $\vec{a} + \vec{b} + \vec{c}$ (2) $\vec{d} - \vec{b} + \vec{a} - \vec{c}$

4 (1) $\vec{a} + 2\vec{b}$ (2) $-2\vec{a} + 3\vec{b} + 5\vec{c}$

5 $\vec{x} = 3\vec{a} - \vec{b}$

6 $\dfrac{1}{3}\vec{a}$

7 (1) $(6, 5)$, $\sqrt{61}$ (2) $(-7, 7)$, $7\sqrt{2}$

8 (1) $\overrightarrow{\mathrm{AB}} = (-1, 5)$ より $|\overrightarrow{\mathrm{AB}}| = \sqrt{26}$

(2) $\overrightarrow{\mathrm{BC}} = (-2, -1)$ より $|\overrightarrow{\mathrm{BC}}| = \sqrt{5}$

(3) $\overrightarrow{\mathrm{CA}} = (3, -4)$ より $|\overrightarrow{\mathrm{CA}}| = 5$

9 $\dfrac{1}{\sqrt{10}}(-3, 1)$

10 (1) $6\sqrt{3}$ (2) $-\dfrac{5}{2}$

11 (1) 9 (2) 0 (3) -9

12 (1) 5 (2) $-2\sqrt{2}$

13 (1) $\dfrac{\pi}{6}$ (2) $\dfrac{\pi}{4}$

14 (1) 3 (2) 39

15 $\sqrt{43}$

16 $k = 2$

17 $k = 5$

18 $(\vec{a} + \vec{b}) \cdot (\vec{a} - 3\vec{b})$ を計算し，0 になることを示せ．

19 $k = \dfrac{3}{5}$

20 $k = 1, 2$

21 $\overrightarrow{\mathrm{OP}} = \dfrac{2\overrightarrow{\mathrm{OA}} + \overrightarrow{\mathrm{OB}}}{3}$, $\mathrm{P}\left(-\dfrac{2}{3}, \dfrac{1}{3}\right)$

$\overrightarrow{\mathrm{OQ}} = \dfrac{3\overrightarrow{\mathrm{OA}} + 4\overrightarrow{\mathrm{OB}}}{7}$, $\mathrm{Q}(1, -3)$

22 $\overrightarrow{\mathrm{OG}} = \dfrac{\overrightarrow{\mathrm{OA}} + \overrightarrow{\mathrm{OB}} + \overrightarrow{\mathrm{OC}}}{3}$, $\mathrm{G}(0, 2)$

23 (1) $\overrightarrow{\mathrm{MN}} = \dfrac{1}{2}(\vec{b} - \vec{a})$

(2) $\overrightarrow{\mathrm{AB}} = k\overrightarrow{\mathrm{MN}}$ を示せ．

24 $\overrightarrow{\mathrm{AB}} = (2, 4)$, $\overrightarrow{\mathrm{AC}} = (3, 6)$

これより $\overrightarrow{\mathrm{AC}} = k\overrightarrow{\mathrm{AB}}$ を示せ．

25 $|\overrightarrow{\mathrm{AB}}| = |\overrightarrow{\mathrm{AC}}|$ に注意して

$\overrightarrow{\mathrm{AM}} = \dfrac{\overrightarrow{\mathrm{AB}} + \overrightarrow{\mathrm{AC}}}{2}$ と $\overrightarrow{\mathrm{BC}} = \overrightarrow{\mathrm{AC}} - \overrightarrow{\mathrm{AB}}$

の内積を計算し，0 となることを示せ．

26 t は実数

(1) $x = 1 + 2t$, $y = 4 + 3t$

(2) $y = 5$ $(x = 3 + 4t)$

(3) $x = 2 - 3t$, $y = -2 + 5t$

27 (1) $(2, -7)$ (2) $(3, 4)$

28 (1) $\dfrac{6}{\sqrt{13}}$ (2) $\dfrac{4}{\sqrt{17}}$

29 (1) $x + 2y - 3 = 0$ (2) $\sqrt{5}$

(3) $\dfrac{15}{2}$

30 (1) $\vec{c} = 3\vec{a} + \vec{b}$ (2) $\vec{d} = -\vec{a} + 2\vec{b}$

31 (1) $x = 4$, $y = -2$ (2) $x = \dfrac{3}{2}$, $y = \dfrac{1}{2}$

32 $\mathrm{BP} : \mathrm{PM} = 3 : 1$

Check

33 (1) $-\vec{b}$ (2) $\vec{b} - \vec{d}$ (3) $-\vec{b} - \vec{d}$

$\Longrightarrow$ 1,2,3

34 $\vec{x} = -\dfrac{1}{3}\vec{a} + \vec{b}$ $\Longrightarrow$ 4,5

35 (1) $\overrightarrow{AB} = (2, -3)$, $|\overrightarrow{AB}| = \sqrt{13}$

   (2) $-\dfrac{1}{\sqrt{13}}(2, -3)$ $\Longrightarrow$ 6,7,8,9

36 (1) $\dfrac{\pi}{3}$ (2) $\dfrac{\pi}{2}$ $\Longrightarrow$ 12,13

37 (1) -14 (2) 21 $\Longrightarrow$ 14

38 (1) $k = -1, 3$ (2) $k = \dfrac{1}{2}$

$\Longrightarrow$ 16,17,19,20

39 (1) $\overrightarrow{OP} = \dfrac{2\overrightarrow{OA} + 3\overrightarrow{OB}}{5}$, $P\left(-\dfrac{7}{5}, \dfrac{2}{5}\right)$

   (2) $G\left(-\dfrac{2}{3}, \dfrac{1}{3}\right)$ $\Longrightarrow$ 21,22

40 $\overrightarrow{AC} = k\overrightarrow{AB}$ を示せ. $\Longrightarrow$ 24

41 $x = 3 + t$, $y = -1 - 2t$ (t は実数) $\Longrightarrow$ 26

42 (1) $(7, -1)$ (2) $\sqrt{2}$ $\Longrightarrow$ 27,28

43 $\vec{c} = \dfrac{8}{3}\vec{a} - \dfrac{7}{3}\vec{b}$ $\Longrightarrow$ 30

44 $x = -1$, $y = 1$ $\Longrightarrow$ 31

45 OP : PM $= 1 : 1$ $\Longrightarrow$ 32

Step up

46 (1) -1 (2) $\dfrac{2}{3}\pi$

47 (1) $\overrightarrow{AM} = \dfrac{\overrightarrow{AB} + \overrightarrow{AC}}{2}$, $\overrightarrow{BM} = \dfrac{\overrightarrow{AC} - \overrightarrow{AB}}{2}$

   (2) $|\overrightarrow{AM}|^2 = \dfrac{1}{4}\left(|\overrightarrow{AB}|^2 + 2\overrightarrow{AB} \cdot \overrightarrow{AC} + |\overrightarrow{AC}|^2\right)$

      $|\overrightarrow{BM}|^2 = \dfrac{1}{4}\left(|\overrightarrow{AC}|^2 - 2\overrightarrow{AC} \cdot \overrightarrow{AB} + |\overrightarrow{AB}|^2\right)$

      を右辺に代入せよ.

48 (1) $\overrightarrow{OP} = \dfrac{-2\overrightarrow{OA} + 5\overrightarrow{OB}}{3}$, $P\left(6, -\dfrac{16}{3}\right)$

   (2) $\overrightarrow{OQ} = 4\overrightarrow{OA} - 3\overrightarrow{OB}$, $Q(-8, 18)$

49 P は ∠AOB の二等分線上にあるから

$$\overrightarrow{OP} = t\left(\frac{\overrightarrow{OA}}{3} + \frac{\overrightarrow{OB}}{2}\right) = \frac{t}{3}\overrightarrow{OA} + \frac{t}{2}\overrightarrow{OB}$$

またPは線分 AB の内分点であり,

$$AP : PB = s : 1 - s \text{ とおくと}$$

$$\overrightarrow{OP} = (1 - s)\overrightarrow{OA} + s\overrightarrow{OB}$$

$\overrightarrow{OA}$, $\overrightarrow{OB}$ は線形独立だから, 係数を比較して

$$\frac{t}{3} = 1 - s, \quad \frac{t}{2} = s$$

これを解くと $\quad t = \dfrac{6}{5}, s = \dfrac{3}{5}$

よって $\quad AP : PB = 3 : 2$

50 OA, OB の中点をそれぞれ A′, B′ とする.

(1)

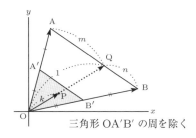

三角形 OA′B′ の周を除く

(2)

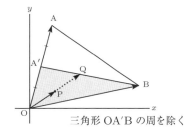

三角形 OA′B の周を除く

51 (1) $\overrightarrow{AP} = \dfrac{3}{5} \cdot \dfrac{2\overrightarrow{AB} + \overrightarrow{AC}}{3}$

      これより, 線分 BC を $1 : 2$ の比に内分する点

      を Q とすると, 点 P は線分 AQ を $3 : 2$ の比

      に内分する点である.

(2) $\overrightarrow{BD} = h\overrightarrow{BP}$, $\overrightarrow{AD} = k\overrightarrow{AC}$ とおく.

$$\overrightarrow{BD} = h\overrightarrow{BP} = h(\overrightarrow{AP} - \overrightarrow{AB})$$

$$= -\frac{3h}{5}\overrightarrow{AB} + \frac{h}{5}\overrightarrow{AC},$$

$$\overrightarrow{BD} = \overrightarrow{AD} - \overrightarrow{AB} = -\overrightarrow{AB} + k\overrightarrow{AC}$$

を比べると $\quad h = \dfrac{5}{3}, k = \dfrac{1}{3}$

よって $\quad AD : DC = 1 : 2$

同様に $\quad AE : EB = 1 : 1$

(3) $\overrightarrow{\text{FJ}} = \overrightarrow{\text{AJ}} - \overrightarrow{\text{AF}} = \dfrac{3}{10}\overrightarrow{\text{AB}} + \dfrac{2}{5}\overrightarrow{\text{AC}}$

$\overrightarrow{\text{FK}} = \overrightarrow{\text{AK}} - \overrightarrow{\text{AF}} = \dfrac{1}{20}\overrightarrow{\text{AB}} + \dfrac{1}{15}\overrightarrow{\text{AC}}$

これより $\overrightarrow{\text{FJ}} = 6\overrightarrow{\text{FK}}$

よって，3 点 F, J, K は一直線上にある．

② 空間のベクトル

Basic

52 B(1, 3, 0), E(1, 0, 2), F(1, 3, 2), G(0, 3, 2)

53 Q(3, 1, 0), R(0, 1, 2), S(3, 0, 2)

54 $\sqrt{26}$

55 $z = 1, -7$

56 (1) $(-2, 7, 1), 3\sqrt{6}$

(2) $(1, -1, 2), \sqrt{6}$

57 $\overrightarrow{\text{AB}} = (-3, 4, -5), \overrightarrow{\text{CD}} = (3, -4, 5)$

$\overrightarrow{\text{AB}} = -\overrightarrow{\text{CD}} = \overrightarrow{\text{DC}}$ より 平行四辺形

58 (1) $(0, 5, 1)$ (2) $\left(-\dfrac{8}{5}, \dfrac{17}{5}, \dfrac{13}{5}\right)$

59 (1) $\overrightarrow{\text{OG}} = \dfrac{\vec{b} + \vec{c} + \vec{d}}{3}$

(2) $\overrightarrow{\text{OP}} = \dfrac{\vec{a} + \vec{b} + \vec{c} + \vec{d}}{4}$

60 (1) 5 (2) -9

61 (1) $\dfrac{\pi}{3}$ (2) $\dfrac{5}{6}\pi$

62 $\pm\dfrac{1}{\sqrt{3}}(1, 1, -1)$

63 (1) $\overrightarrow{\text{OG}} = \dfrac{\vec{a} + \vec{b} + \vec{c}}{3}$

(2) $\overrightarrow{\text{OG}} \cdot \overrightarrow{\text{AB}} = \dfrac{\vec{a} + \vec{b} + \vec{c}}{3} \cdot (\vec{b} - \vec{a})$

$|\vec{a}| = |\vec{b}|, \vec{b} \cdot \vec{c} = \vec{a} \cdot \vec{c}$ を用いて計算せよ．

64 t は実数

(1) $x = 1 + 2t, y = 2 - 4t, z = -1 + 5t$

$\left(\dfrac{x - 1}{2} = \dfrac{y - 2}{-4} = \dfrac{z + 1}{5}\right)$

(2) $x = -3 + 6t, y = 5 - t, z = 1 + t$

$\left(\dfrac{x + 3}{6} = \dfrac{y - 5}{-1} = z - 1\right)$

65 $60°$

66 $k = 1$

67 (1) $2x - y + 4z + 8 = 0$

(2) $x + 5y - 2z - 9 = 0$

(3) $3x - 2y + z - 2 = 0$

68 $45°$

69 $k = 2$

70 (1) $\dfrac{5}{\sqrt{26}}$ (2) $\dfrac{1}{\sqrt{26}}$ (3) $\dfrac{4}{\sqrt{26}}$

71 (1) $(x - 2)^2 + (y - 4)^2 + (z + 3)^2 = 5$

(2) $x^2 + y^2 + z^2 = 14$

(3) $(x + 2)^2 + (y - 1)^2 + (z - 5)^2 = 11$

(4) $(x - 3)^2 + (y + 1)^2 + (z - 2)^2 = 18$

72 (1) 中心 $(2, 1, -4)$ 半径 5

(2) 中心 $(-3, 0, 2)$ 半径 $2\sqrt{2}$

73 $\overrightarrow{\text{OR}} = \dfrac{\overrightarrow{\text{OB}} + \overrightarrow{\text{OC}}}{3}$

Check

74 $(3, 4, -5), 5\sqrt{2}$ ⇨ 56

75 $\overrightarrow{\text{AB}} = (-2, 1, 2)$

$x = 4, y = 0, z = -2$ ⇨ 57

76 (1) $\left(\dfrac{7}{4}, 4, -\dfrac{5}{4}\right)$ (2) $\left(\dfrac{9}{7}, \dfrac{2}{7}, 2\right)$

⇨ 58

77 (1) $\overrightarrow{\text{BH}} = -\vec{b} + \vec{d} + \vec{e}$

(2) $\overrightarrow{\text{AP}} = \dfrac{2\vec{b} + \vec{d} + \vec{e}}{3}$ ⇨ 59

78 $-9, \dfrac{3}{4}\pi$ ⇨ 60,61

79 $\pm\dfrac{1}{\sqrt{14}}(1, -2, 3)$ ⇨ 62

1章

ベクトル

80 t は実数

(1) $x = 2 + 3t$, $y = 1 + 5t$, $z = 4 - t$

$\left(\dfrac{x-2}{3} = \dfrac{y-1}{5} = \dfrac{z-4}{-1} \right)$

(2) $x = 2t$, $y = 3 - 3t$, $z = -4 + 3t$

$\left(\dfrac{x}{2} = \dfrac{y-3}{-3} = \dfrac{z+4}{3} \right)$ ⇨64

81 $k = -\dfrac{5}{3}$ ⇨66

82 (1) $3x - 4y + z + 1 = 0$

(2) $x + 2y - z + 3 = 0$ ⇨67

83 $30°$ ⇨68

84 (1) $(x-1)^2 + (y+3)^2 + (z+1)^2 = 9$

(2) $x^2 + (y-2)^2 + (z-1)^2 = 24$ ⇨71

85 中心 $\left(3, -1, \dfrac{1}{2} \right)$, 半径 $\dfrac{3}{2}$ ⇨72

86 $\overrightarrow{OQ} = \dfrac{\overrightarrow{OA} + \overrightarrow{OB}}{4}$ ⇨73

Step up

87 媒介変数 t による直線の方程式は

$x = 1$, $y = -2 + 5t$, $z = 6 - 2t$

y, z から t を消去して, 直線の方程式は

$x = 1$, $\dfrac{y+2}{5} = \dfrac{z-6}{-2}$

88 $\left(\dfrac{1}{2}, \dfrac{7}{2}, \dfrac{9}{2} \right)$

89 直線の媒介変数表示は

$x = 3 + t$, $y = -4 - t$, $z = 2$ ①

球の方程式は

$(x-5)^2 + (y+6)^2 + (z-4)^2 = 36$ ②

①を②に代入し, t を求めると $t = 6, -2$

①に代入し, 交点は $(9, -10, 2)$, $(1, -2, 2)$

90 点 $(2, 5, 0)$ を P, 求める点を Q(a, b, c), 平面 $2x + 4y - z = 3$ を α とする. 点 P を通り平面 α に垂直な直線と α の交点 R を求めると R$(0, 1, 1)$

線分 PQ の中点が R だから

$\dfrac{a+2}{2} = 0$, $\dfrac{b+5}{2} = 1$, $\dfrac{c}{2} = 1$

∴ $a = -2$, $b = -3$, $c = 2$ $(-2, -3, 2)$

91 (1) $\dfrac{x-4}{-1} = \dfrac{y}{1} = \dfrac{z}{1}$

(2) (1) を媒介変数 t を用いて表すと

$x = -t + 4$, $y = t$, $z = t$

$t = 0, 1$ を代入すると, 交線は 2 点 $(4, 0, 0)$, $(3, 1, 1)$ を通る. この 2 点と $(0, 1, 0)$ を通る平面の方程式を求めて $x + 4y - 3z - 4 = 0$

92 (1) $\overrightarrow{OG} = \dfrac{\overrightarrow{OA} + \overrightarrow{OB} + \overrightarrow{OC}}{3}$

(2) $\overrightarrow{OP} = t\overrightarrow{OG}$ とおけるから

$\overrightarrow{OP} = \dfrac{t}{3}\overrightarrow{OA} + \dfrac{t}{3}\overrightarrow{OB} + \dfrac{t}{3}\overrightarrow{OC}$ ①

点 P は △DEF 上にあるから

$\overrightarrow{OP} = l\overrightarrow{OD} + m\overrightarrow{OE} + n\overrightarrow{OF}$

$(l + m + n = 1)$

$= \dfrac{l}{3}\overrightarrow{OA} + \dfrac{2m}{3}\overrightarrow{OB} + \dfrac{2n}{3}\overrightarrow{OC}$ ②

①, ②の係数を比較し

$l = t$, $m = \dfrac{1}{2}t$, $n = \dfrac{1}{2}t$

よって $t = \dfrac{1}{2}$ これを①に代入すると

$\overrightarrow{OP} = \dfrac{1}{6}\overrightarrow{OA} + \dfrac{1}{6}\overrightarrow{OB} + \dfrac{1}{6}\overrightarrow{OC}$

$\overrightarrow{OP} = \dfrac{1}{2}\overrightarrow{OG}$ だから $\mathrm{OP:PG} = 1:1$

93 (1) $(左辺)^2 = (\vec{a} + \vec{b}) \cdot (\vec{a} + \vec{b})$

$= |\vec{a}|^2 + 2\vec{a} \cdot \vec{b} + |\vec{b}|^2$

$(右辺)^2 = (|\vec{a}| + |\vec{b}|)^2$

$= |\vec{a}|^2 + 2|\vec{a}||\vec{b}| + |\vec{b}|^2$

シュワルツの不等式より

$\vec{a} \cdot \vec{b} \leqq |\vec{a} \cdot \vec{b}| \leqq |\vec{a}||\vec{b}|$

が成り立つことを用いよ.

(2) $\left| |\vec{a}| - |\vec{b}| \right|^2 = (|\vec{a}| - |\vec{b}|)^2$ を用いて,

(1) と同様にせよ.

Plus ●●●

1 円のベクトル方程式

94 $\left(\overrightarrow{\mathrm{OP}}-2\overrightarrow{\mathrm{OA}}\right)\cdot\left(\overrightarrow{\mathrm{OP}}-2\overrightarrow{\mathrm{OA}}\right)=2\left|\overrightarrow{\mathrm{OA}}\right|^2$ と変形

せよ. 中心 $(6,\ 2)$, 半径 $2\sqrt{5}$

95 $2\left|\overrightarrow{\mathrm{OP}}\right|^2-2(\overrightarrow{\mathrm{OA}}+\overrightarrow{\mathrm{OB}})\cdot\overrightarrow{\mathrm{OP}}=0$

$\left|\overrightarrow{\mathrm{OP}}-\dfrac{\overrightarrow{\mathrm{OA}}+\overrightarrow{\mathrm{OB}}}{2}\right|^2=\dfrac{1}{4}\left|\overrightarrow{\mathrm{OA}}+\overrightarrow{\mathrm{OB}}\right|^2$

中心が AB の中点, 半径が $\dfrac{1}{2}\left|\overrightarrow{\mathrm{OA}}+\overrightarrow{\mathrm{OB}}\right|$ の円

2 球面と平面の関係

96 $(x-4)^2+(y+2)^2+(z-3)^2=16$ より,

中心は $\mathrm{C}(4,\ -2,\ 3)$, 半径は $r=4$ である.

これから, 求める距離は $\quad d=\dfrac{2}{\sqrt{6}}$

また, $d<r$ より, 球と平面は交わる.

97 (1) 直線の方向ベクトルは平面の法線ベクトルだか

ら, 媒介変数 t による方程式は

$$x=2t+1,\ y=t+1,\ z=2t \quad ①$$

(2) ① を平面の方程式に代入すると $\quad t=1$

これを①に代入し, 交点は $\quad (3,\ 2,\ 2)$

(3) 球の半径を a とすると, 三平方の定理より

$a^2=\mathrm{CH}^2+r^2$ が成り立つ.

$a=\sqrt{13}$, $\mathrm{CH}=3$ より $\quad r=2$

98 (1) $\mathrm{AC}\perp\alpha$ だから $\quad \overrightarrow{\mathrm{AC}}\cdot\overrightarrow{\mathrm{AP}}=0$

(2) (1) に成分を代入し, 計算せよ.

3 連立1次方程式とベクトル

99 (1) 線形独立 (2) 線形従属

100 (1) 存在する (交わる). 交点の座標は $\quad (4,\ 1,\ 3)$

(2) 存在しない (ねじれの位置にある).

(3) 存在しない (平行である).

4 いろいろな問題

101 (1) $\overrightarrow{\mathrm{OP}}=\dfrac{\overrightarrow{\mathrm{OA}}+2\overrightarrow{\mathrm{OB}}}{3}$ より, P は AB を $2:1$

の比に内分する点

(2) $\overrightarrow{\mathrm{OP}}=\dfrac{\overrightarrow{\mathrm{OA}}+\overrightarrow{\mathrm{OB}}}{2}$ より, P は AB の中点

(3) $\overrightarrow{\mathrm{OP}}=\dfrac{2\overrightarrow{\mathrm{OA}}+3\overrightarrow{\mathrm{OB}}}{5}$ より, P は AB を $3:2$

の比に内分する点

(4) $\overrightarrow{\mathrm{OP}}=\dfrac{3\overrightarrow{\mathrm{OA}}-\overrightarrow{\mathrm{OB}}}{2}$ より, P は AB を $1:3$

の比に外分する点

102 $\overrightarrow{\mathrm{AB}}=(4,\ -1,\ 1)$, $\overrightarrow{\mathrm{AC}}=(-1,\ 4,\ -1)$

(1) $\dfrac{2}{3}\pi\ (120°)$ (2) $\dfrac{9\sqrt{3}}{2}$

103 (1) $\mathrm{G}(8,\ 8,\ 8)$

(2) $(x-8)^2+(y-8)^2+(z-8)^2=16$

(3) $4\sqrt{3}-2$ 秒

2章 行列

1 行列

Basic ●

104 (1) $(1,\ 2)$ 成分 -5, $(2,\ 1)$ 成分 1

(2) $(1,\ 2)$ 成分 6, $(2,\ 1)$ 成分 0

105 $a=4$, $b=3$, $c=2$, $d=3$

106 (1) $\begin{pmatrix} 9 & 4 \\ -2 & -6 \end{pmatrix}$ (2) $\begin{pmatrix} -6 & 5 \\ -2 & 3 \end{pmatrix}$

(3) $\begin{pmatrix} 4 & 4 & 1 \\ 5 & 2 & 6 \end{pmatrix}$ (4) $\begin{pmatrix} 7 \\ 5 \end{pmatrix}$

(5) $\begin{pmatrix} 2 \\ 4 \end{pmatrix}$ (6) $\begin{pmatrix} 4 & 5 & 4 \end{pmatrix}$

107 $x=2$, $y=5$, $z=2$, $w=-3$

108 (1) $\begin{pmatrix} 2 & -2 \\ 3 & 6 \end{pmatrix}$　　(2) $\begin{pmatrix} -2 & 2 \\ -3 & -6 \end{pmatrix}$

(3) $\begin{pmatrix} 3 & 2 \\ -3 & 5 \end{pmatrix}$

109 どちらも $\begin{pmatrix} 4k & k \\ 6k & -2k \end{pmatrix}$

110
(1) $\begin{pmatrix} 17 & -16 \\ 16 & 9 \\ 1 & 4 \end{pmatrix}$　(2) $\begin{pmatrix} 7 & -14 \\ 14 & -9 \\ -7 & 8 \end{pmatrix}$

(3) $\begin{pmatrix} -10 & 9 \\ -9 & -6 \\ -1 & -2 \end{pmatrix}$　(4) $\dfrac{1}{2}\begin{pmatrix} 4 & -5 \\ 5 & 0 \\ -1 & 2 \end{pmatrix}$

111 $\dfrac{1}{3}\begin{pmatrix} 7 & 10 & -2 \\ -6 & 8 & -3 \end{pmatrix}$

112 (1) $\begin{pmatrix} 14 & 7 \\ 11 & 6 \end{pmatrix}$　(2) $\begin{pmatrix} 7 & 6 \\ -1 & -8 \end{pmatrix}$

(3) $(-12 \quad 2)$　(4) $\begin{pmatrix} 2 \\ 9 \end{pmatrix}$

(5) $\begin{pmatrix} 0 & 1 & -2 \\ -6 & -4 & 2 \\ 6 & 1 & 4 \end{pmatrix}$　(6) $\begin{pmatrix} 7 & 8 & 10 \\ 6 & 3 & 9 \end{pmatrix}$

113 どちらも $\begin{pmatrix} 4 & -12 \\ -2 & 24 \end{pmatrix}$

114 $A^2 = \begin{pmatrix} 5 & 0 \\ 0 & 5 \end{pmatrix}$, $A^3 = \begin{pmatrix} 5 & 20 \\ 5 & -5 \end{pmatrix}$

115 (1) $\begin{pmatrix} 5 & 4 \\ 16 & 13 \end{pmatrix}$　(2) $\begin{pmatrix} 6 & 5 \\ 14 & 12 \end{pmatrix}$

(3) $\begin{pmatrix} 3 & 3 \\ 6 & 6 \end{pmatrix}$　(4) $\begin{pmatrix} 3 & 3 \\ 7 & 7 \end{pmatrix}$

(5) $\begin{pmatrix} 3 & 3 \\ 7 & 7 \end{pmatrix}$　(6) $\begin{pmatrix} 4 & 3 \\ 8 & 6 \end{pmatrix}$

116 (1) $\begin{pmatrix} 0 & 9 \\ 0 & 0 \end{pmatrix}$　(2) $\begin{pmatrix} 0 & 0 \\ 0 & 0 \end{pmatrix}$

117 (1) $\begin{pmatrix} -3 & -1 \\ 6 & 2 \end{pmatrix}$　(2) $\begin{pmatrix} -3 & -1 \\ 6 & 2 \end{pmatrix}$

118 $a = d = 0$

119 (1) $\begin{pmatrix} -8 & 5 \\ -4 & 3 \end{pmatrix}$　(2) $\begin{pmatrix} 4 & 2 & 5 \\ 1 & 0 & 3 \end{pmatrix}$

(3) $\begin{pmatrix} 6 \\ -1 \\ 3 \end{pmatrix}$

120 (1) $\begin{pmatrix} 3 & 4 \\ -1 & 1 \end{pmatrix}$　(2) $\begin{pmatrix} 5 & 4 \\ -8 & -12 \end{pmatrix}$

(3) $\begin{pmatrix} 5 & 4 \\ -8 & -12 \end{pmatrix}$　(4) $\begin{pmatrix} -10 & 2 \\ -1 & 3 \end{pmatrix}$

121 (1) $a = 5$, $b = 1$, $c = -7$

(2) $x = 0$, $y = 1$, $z = 2$, $w = -3$

122 A は対称行列だから　${}^{t}A = A$

${}^{t}(A^2) = {}^{t}(AA) = {}^{t}A\,{}^{t}A = A^2$

123 (1) $\dfrac{1}{10}\begin{pmatrix} 2 & 0 \\ 0 & 5 \end{pmatrix}$　(2) $\dfrac{1}{3}\begin{pmatrix} 1 & 1 \\ 2 & 5 \end{pmatrix}$

(3) 正則でない

124 (1) $\dfrac{1}{3}\begin{pmatrix} 3 & -1 \\ 9 & -8 \end{pmatrix}$　(2) $\dfrac{1}{5}\begin{pmatrix} 6 & 3 \\ 3 & -1 \end{pmatrix}$

125 (1) $\dfrac{1}{6}\begin{pmatrix} 8 & -2 \\ 13 & -4 \end{pmatrix}$　(2) $\dfrac{1}{6}\begin{pmatrix} 8 & -2 \\ 13 & -4 \end{pmatrix}$

(3) $\dfrac{1}{6}\begin{pmatrix} -5 & 13 \\ -3 & 9 \end{pmatrix}$

126 $a = 1,\ b = -5,\ c = 3,\ d = 4$　　⟹**105**

127

(1) $\begin{pmatrix} 8 & 8 \\ 3 & 2 \\ 9 & 4 \end{pmatrix}$　　(2) $\begin{pmatrix} -11 & 15 \\ 5 & -14 \\ 3 & 3 \end{pmatrix}$

⟹**108,109,110**

128 (1) $\dfrac{1}{2}\begin{pmatrix} 1 & 10 & 7 \\ 0 & -1 & 6 \end{pmatrix}$　(2) $\begin{pmatrix} 3 & 5 & 6 \\ 5 & 12 & -2 \end{pmatrix}$

⟹**111**

129 (1) $(\,9\ \ 10\ \ 9\,)$　　(2) $\begin{pmatrix} 6 & -9 & -3 \\ 4 & -6 & -2 \end{pmatrix}$

(3) $\begin{pmatrix} 6 \\ 14 \end{pmatrix}$　　(4) $\begin{pmatrix} 7 & -9 \\ 13 & -12 \end{pmatrix}$

⟹**112**

130 (1) $\begin{pmatrix} 3 & -1 \\ -2 & 3 \end{pmatrix}$　　(2) $\begin{pmatrix} 10 & -5 \\ 4 & 2 \end{pmatrix}$

(3) $\begin{pmatrix} 10 & -5 \\ 4 & 2 \end{pmatrix}$　　(4) $\begin{pmatrix} 4 & -4 \\ 2 & 8 \end{pmatrix}$

⟹**120**

131 (1) D　　(2) A, C, D　　(3) B, C

(4) C, D　　(5) A, B, D　　(6) C

⟹**121**

132 A は交代行列だから　${}^{t}A = -A$

$\quad {}^{t}(A^2) = {}^{t}(AA) = {}^{t}A\,{}^{t}A = (-A)(-A) = A^2$

⟹**122**

133 (1) $\dfrac{1}{2}\begin{pmatrix} -10 & 4 \\ -13 & 5 \end{pmatrix}$　(2) $\dfrac{1}{2}\begin{pmatrix} -10 & 4 \\ -13 & 5 \end{pmatrix}$

(3) $\dfrac{1}{2}\begin{pmatrix} -2 & -2 \\ -2 & -3 \end{pmatrix}$

⟹**125**

134 (1) $A^2 = \begin{pmatrix} 1 & 0 \\ 4 & 1 \end{pmatrix},\ A^3 = \begin{pmatrix} 1 & 0 \\ 6 & 1 \end{pmatrix}$ となり，

$A^n = \begin{pmatrix} 1 & 0 \\ 2n & 1 \end{pmatrix}$ と推定される.

(2) (i) $n = 1$ のとき成り立つ.

(ii) $n = k$ のとき成り立つと仮定すると

$A^k = \begin{pmatrix} 1 & 0 \\ 2k & 1 \end{pmatrix}$

よって　$A^{k+1} = \begin{pmatrix} 1 & 0 \\ 2k & 1 \end{pmatrix}\begin{pmatrix} 1 & 0 \\ 2 & 1 \end{pmatrix}$

$= \begin{pmatrix} 1 & 0 \\ 2k+2 & 1 \end{pmatrix} = \begin{pmatrix} 1 & 0 \\ 2(k+1) & 1 \end{pmatrix}$

したがって $n = k + 1$ のときも成り立つ.

(i), (ii) より，すべての自然数 n について成り立つ.

135 (1) $\begin{pmatrix} 7 & -3 \\ 10 & -4 \end{pmatrix}$

(2) $\begin{pmatrix} 3 \cdot 2^{n+1} - 5 & -3 \cdot 2^n + 3 \\ 5 \cdot 2^{n+1} - 10 & -5 \cdot 2^n + 6 \end{pmatrix}$

136 (1) $\dfrac{1}{2}\begin{pmatrix} 10 & 10 & 9 \\ 10 & 10 & 5 \\ 9 & 5 & 12 \end{pmatrix} + \dfrac{1}{2}\begin{pmatrix} 0 & -4 & -7 \\ 4 & 0 & 1 \\ 7 & -1 & 0 \end{pmatrix}$

(2) $\begin{pmatrix} 1 & -2 & -1 \\ -2 & -4 & 1 \\ -1 & 1 & 1 \end{pmatrix} + \begin{pmatrix} 0 & -3 & 0 \\ 3 & 0 & -2 \\ 0 & 2 & 0 \end{pmatrix}$

137 (1) 実際に A^3 を計算せよ.

(2) $(A+E)(A^2 - A + E) = A^3 + E = E$

$\quad (A^2 - A + E)(A + E) = A^3 + E = E$

よって　$(A + E)^{-1} = A^2 - A + E$

138 $A + B$ は対称行列だから

$\quad {}^{t}(A + B) = A + B$

A は対称行列，B は交代行列だから

$$^t(A+B) = {}^tA + {}^tB = A - B$$

よって $B = O$

2 連立 1 次方程式と行列

Basic

139 (1) $x = -5,\ y = 2$

(2) $x = -2,\ y = 2$

(3) $x = 5,\ y = 4,\ z = -1$

(4) $x = 2t+1,\ y = t-3,\ z = t$ (t は任意の数)

(5) 解はない

(6) $x = y = z = 0$

140 (1) $\begin{pmatrix} -2 & \dfrac{3}{2} \\ -1 & \dfrac{1}{2} \end{pmatrix}$

(2) $\begin{pmatrix} 1 & -3 & -2 \\ -3 & 6 & 5 \\ 1 & -1 & -1 \end{pmatrix}$

(3) $\begin{pmatrix} \dfrac{2}{3} & -\dfrac{2}{3} & 1 \\ -\dfrac{1}{3} & \dfrac{1}{3} & 0 \\ 0 & -1 & 1 \end{pmatrix}$

141 (1) $\begin{pmatrix} x \\ y \\ z \end{pmatrix} = \begin{pmatrix} -3 & 1 & -2 \\ 6 & -3 & 5 \\ -1 & 1 & -1 \end{pmatrix} \begin{pmatrix} 2 \\ 0 \\ -4 \end{pmatrix}$

$x = 2,\ y = -8,\ z = 2$

(2) $\begin{pmatrix} x \\ y \\ z \end{pmatrix} = \begin{pmatrix} \dfrac{2}{3} & -\dfrac{2}{3} & 1 \\ -\dfrac{1}{3} & \dfrac{1}{3} & 0 \\ 0 & -1 & 1 \end{pmatrix} \begin{pmatrix} -5 \\ -5 \\ 1 \end{pmatrix}$

$x = 1,\ y = 0,\ z = 6$

142 (1) 2 (2) 3

143 (1) 正則 (2) 正則でない

Check

144 (1) $x = -2t-1,\ y = t$ (t は任意の数)

(2) $x = \dfrac{8}{5},\ y = -\dfrac{7}{5},\ z = \dfrac{3}{5}$ $\Rightarrow$139

145 (1) $\begin{pmatrix} \dfrac{4}{3} & -\dfrac{5}{3} \\ \dfrac{1}{3} & -\dfrac{2}{3} \end{pmatrix}$

(2) $\begin{pmatrix} -\dfrac{4}{3} & -\dfrac{1}{3} & 1 \\ \dfrac{5}{3} & \dfrac{2}{3} & -1 \\ -\dfrac{1}{3} & \dfrac{2}{3} & 0 \end{pmatrix}$

(3) $\begin{pmatrix} -1 & 1 & -1 \\ 1 & -\dfrac{3}{2} & 2 \\ -1 & 2 & -2 \end{pmatrix}$ $\Rightarrow$140

146 (1) $x = 0,\ y = -1,\ z = -4$

(2) $x = 0,\ y = -\dfrac{3}{2},\ z = 2$ $\Rightarrow$141

147 (1) 2 (2) 3 $\Rightarrow$142

148 (1) 正則 (2) 正則でない $\Rightarrow$143

Step up

149 (1) $\begin{cases} 3 & \left(x \neq 1,\ -\dfrac{1}{2}\ \text{のとき}\right) \\ 2 & \left(x = -\dfrac{1}{2}\ \text{のとき}\right) \\ 1 & (x = 1\ \text{のとき}) \end{cases}$

(2) $\begin{cases} 3 & (a,\ b,\ c\ \text{がすべて異なるとき}) \\ 2 & (a,\ b,\ c\ \text{のうち 2 つが等しいとき}) \\ 1 & (a = b = c\ \text{のとき}) \end{cases}$

150 $a = 1,\ b = 2$

151 拡大係数行列を行基本変形すると

$$\begin{pmatrix} 1 & -1 & -3 & \bigm| & 3 \\ 0 & 4 & 7 & \bigm| & -4 \\ 0 & 0 & 0 & \bigm| & k-2 \end{pmatrix}$$

となるから，解をもつための条件は $k = 2$

このとき，解は

$$x = \dfrac{5}{4}t + 2,\ y = -\dfrac{7}{4}t - 1,\ z = t$$

(t は任意の数)

152 拡大係数行列を行基本変形すると

$$\begin{pmatrix} 1 & 2 & | & 2 \\ 3 & 5 & | & 3 \\ 2 & 3 & | & t \end{pmatrix} \longrightarrow \begin{pmatrix} 1 & 2 & | & 2 \\ 0 & 1 & | & 3 \\ 0 & 0 & | & t-1 \end{pmatrix}$$

解をもつためには $t = 1$

そのときの解は $x = -4, y = 3$

153 $x = 1 - 5s + t, y = s, z = -2 - t, w = t$

（s, t は任意の数）

Plus ●●●

1 行列の基本変形と基本行列

154 (1) $U = P_{32}(-3)P_{21}(-2)A = \begin{pmatrix} 2 & 3 & 0 \\ 0 & 2 & 4 \\ 0 & 0 & 2 \end{pmatrix}$

$L = P_{21}(2)P_{32}(3) = \begin{pmatrix} 1 & 0 & 0 \\ 2 & 1 & 0 \\ 0 & 3 & 1 \end{pmatrix}$

(2) $\vec{y} = U\vec{x}$ を $L\vec{y} = \vec{b}$ に代入して $LU\vec{x} = \vec{b}$

$A = LU$ だから $A\vec{x} = \vec{b}$

(3) $L\vec{y} = \vec{b}$ より $U\vec{x} = \vec{y}$ より

$$\vec{y} = \begin{pmatrix} 5 \\ 6 \\ 2 \end{pmatrix}, \qquad \vec{x} = \begin{pmatrix} 1 \\ 1 \\ 1 \end{pmatrix}$$

2 行列の階数と線形独立

155 少なくとも 1 つは 0 でない l, m, n について，
$l\vec{a} + m\vec{b} + n\vec{c} = \vec{0}$ となることを用いよ．

156 (1) 線形従属 　　(2) 線形独立

3 いろいろな問題

157 (1) 左辺に $A = \begin{pmatrix} -2 & -2 \\ 5 & 3 \end{pmatrix}$ を代入して計算す

ればよい．

---

(2) $A^6 = (A^2 - A + 4E)(A^4 + A^3 - 3A^2$

$\qquad - 7A + 5E) + 33A - 20E$

$\quad = 33A - 20E$

$\quad = \begin{pmatrix} -86 & -66 \\ 165 & 79 \end{pmatrix}$

3章 **行列式**

1 行列式の定義と性質

Basic ●

158 (1) 3 　　(2) 5 　　(3) −20 　　(4) 5

159 (1) 偶順列 　　　　(2) 奇順列

160 (1) 60 　　　　　　(2) 15

161 (1) 8 　　　　　　(2) −33

162 (1) 6 　　　　　　(2) −12

163 (1) 0 　　(2) 27 　　(3) 0 　　(4) −81

164 (1) 30 　　(2) −24 　　(3) 0 　　(4) −14

165 (1) $-2(a-b)(a+b)$ 　(2) $(a+2b)(a+b)$

(3) $(a-1)(b-1)(a+b+1)$

(4) $a(a+b)(b-a+1)$

166 それぞれ次のことを用いよ．

(1) $|A^2| = |E|$ より $|A|^2 = 1$

(2) $|A^2| = |A|$ より $|A|^2 = |A|$

Check ●

167 (1) 偶順列 　　　　(2) 奇順列 ⇒159

168 (1) 0 　(2) −15 　　(3) −48 　　(4) 48

⇒158,160,161,162,164

169 −96 ⇒163

170 (1) $-3(a+b)(a-b)$

(2) $(a^2 + b^2)(a+b)(a-b)$

(3) $-(a-b)(b-c)(c-a)$

(4) $(a+b)(a-b)^3$ ⇒165

171 (1) AB が正則だから $|AB| \neq 0$

また, $|AB| = |A||B|$ を用いよ.

(2) A が正則だから $|A^{-1}| = \dfrac{1}{|A|}$

また, $|A^{-1}BA| = |A^{-1}||B||A|$ を用いよ.

⇒166

Step up

172 (1) $|A^3| = |E|$ より $|A|^3 = 1$

$|A|$ が実数だから $|A| = 1$

(2) $A^3 = -E$ より $|A^3| = |-E| = (-1)^n|E|$

よって n が偶数のとき $|A| = 1$

n が奇数のとき $|A| = -1$

173 (1) まず, 1 列 + 2 列 × 1, 1 列 + 3 列 × 1, 1 列 + 4 列 × 1 を行え. $(a + 3b)(a-b)^3$

(2) (1) と同様にせよ.

$(a+b+c)(a+b-c)(a-b+c)(a-b-c)$

174 (1) まず, 1 列 + 2 列 × 1, 1 列 + 3 列 × 1 を行え.

(2) (1) と同様にせよ.

(3) 1 列 + 2 列 × 1, 2 列 + 3 列 × 1 を行うと, 1 列, 2 列にそれぞれ共通因数 $(a + b)$, $(b + c)$ ができることを利用せよ.

175 (1) 1 列 + 3 列 × 1 の後に 1 列 − 2 列 × 1 を行え.

(2) 左辺 $\xRightarrow[\substack{2 \text{行} +3 \text{行} \times 1}]{1 \text{行} +3 \text{行} \times 1}$ $\begin{vmatrix} 2c & 0 & 2a \\ 0 & 2c & 2b \\ c-b & c-a & a+b \end{vmatrix}$

$\xRightarrow[\substack{3 \text{行} -2 \text{行} \times \frac{1}{2}}]{3 \text{行} -1 \text{行} \times \frac{1}{2}}$ $\begin{vmatrix} 2c & 0 & 2a \\ 0 & 2c & 2b \\ -b & -a & 0 \end{vmatrix}$

$= -(-4abc - 4abc) = $ 右辺

176 (1) まず, 3 列 − 1 列 × x を行え. $x = \pm 2$

(2) まず, 1 列 + 2 列 × 1 + 3 列 × 1 + 4 列 × 1 を行え. $x = -2,\ 0,\ 1(2$ 重解$)$

❷ 行列式の応用

Basic

177 (1) $3\begin{vmatrix} -1 & 4 \\ 1 & 2 \end{vmatrix} - 0\begin{vmatrix} 2 & 4 \\ 3 & 2 \end{vmatrix} + 0\begin{vmatrix} 2 & -1 \\ 3 & 1 \end{vmatrix} = -18$

(2) $0\begin{vmatrix} 3 & 0 & 1 \\ 1 & 2 & 1 \\ 0 & -1 & 2 \end{vmatrix} - (-1)\begin{vmatrix} 2 & 0 & 1 \\ -4 & 2 & 1 \\ 2 & -1 & 2 \end{vmatrix}$

$+ 2\begin{vmatrix} 2 & 3 & 1 \\ -4 & 1 & 1 \\ 2 & 0 & 2 \end{vmatrix} - 0\begin{vmatrix} 2 & 3 & 0 \\ -4 & 1 & 2 \\ 2 & 0 & -1 \end{vmatrix} = 74$

178 (1) $-3\begin{vmatrix} -1 & 3 & 0 \\ 3 & -2 & 1 \\ 2 & 0 & 1 \end{vmatrix} + 0\begin{vmatrix} 2 & 3 & 0 \\ 1 & -2 & 1 \\ 1 & 0 & 1 \end{vmatrix}$

$- 0\begin{vmatrix} 2 & -1 & 0 \\ 1 & 3 & 1 \\ 1 & 2 & 1 \end{vmatrix} + (-2)\begin{vmatrix} 2 & -1 & 3 \\ 1 & 3 & -2 \\ 1 & 2 & 0 \end{vmatrix}$

$= -11$

(2) $0\begin{vmatrix} 1 & 0 & 1 \\ 2 & 1 & 0 \\ 0 & 3 & 2 \end{vmatrix} - 2\begin{vmatrix} 3 & 2 & 2 \\ 2 & 1 & 0 \\ 0 & 3 & 2 \end{vmatrix} + 3\begin{vmatrix} 3 & 2 & 2 \\ 1 & 0 & 1 \\ 0 & 3 & 2 \end{vmatrix}$

$- 0\begin{vmatrix} 3 & 2 & 2 \\ 1 & 0 & 1 \\ 2 & 1 & 0 \end{vmatrix} = -41$

179 (1) 正則である. 逆行列は

$\dfrac{1}{2}\begin{pmatrix} -10 & 4 & 8 \\ 6 & -2 & -4 \\ 4 & -1 & -3 \end{pmatrix}$

(2) 正則でない.

(3) 正則である. 逆行列は

$$\frac{1}{12}\begin{vmatrix} 2 & -4 & 6 \\ 1 & 4 & 3 \\ 4 & 4 & 0 \end{vmatrix}$$

180 (1) $x = -\dfrac{4}{5}$, $y = \dfrac{11}{5}$

(2) $x = \dfrac{4}{9}$, $y = -\dfrac{1}{3}$, $z = \dfrac{4}{9}$

(3) $x = \dfrac{11}{3}$, $y = -\dfrac{7}{3}$, $z = \dfrac{2}{3}$

(4) $x = 1$, $y = \dfrac{1}{5}$, $z = \dfrac{2}{5}$

181 (1) $k = 4$, $x = -3t$, $y = 2t$

(t は任意の数)

(2) $k = 1$, $x = 2t$, $y = -t$, $z = t$

(t は任意の数)

182 (1) 線形独立 (2) 線形従属

(3) 線形独立 (4) 線形従属

183 (1) 18 (2) 6

184 (1) 8 (2) 12

Check ●

185 (1) -14 (2) -4 ⇨177,178

186 (1) $\dfrac{1}{2}\begin{pmatrix} -1 & 0 & 2 \\ -1 & 0 & 0 \\ 3 & -2 & 0 \end{pmatrix}$

(2) $\dfrac{1}{10}\begin{pmatrix} 14 & 8 & -12 \\ -17 & -9 & 16 \\ 4 & -2 & -2 \end{pmatrix}$ ⇨179

187 (1) $x = 3$, $y = -3$, $z = 2$

(2) $x = 2$, $y = -3$, $z = 5$ ⇨180

188 (1) $k = 2$ のとき, $x = s$, $y = -s$

$k = -3$ のとき, $x = 2t$, $y = 3t$

(s, t は任意の数)

(2) $k = 6$ のとき, $x = 2s$, $y = 5s$

$k = -1$ のとき, $x = t$, $y = -t$

(s, t は任意の数) ⇨181

189 (1) 線形独立 (2) 線形従属 ⇨182

190 34 ⇨183

191 27 ⇨184

Step up ●●

192 $I_1 = -\dfrac{R_3 E_1}{R_1 R_2 + R_2 R_3 + R_3 R_1}$

$I_2 = \dfrac{(R_1 + R_3)E_1}{R_1 R_2 + R_2 R_3 + R_3 R_1}$

$I_3 = \dfrac{R_1 E_1}{R_1 R_2 + R_2 R_3 + R_3 R_1}$

193 2

194 $\begin{vmatrix} x & -1 & 1 \\ 0 & 2 & 2 \\ 1 & x & -3 \end{vmatrix} = 0$ を解け. $x = -1, -2$

195 $\begin{vmatrix} 1 & 1 & 1 \\ 0 & 1 & 1 \\ 0 & 0 & 1 \end{vmatrix} \neq 0$ を示し,

$\begin{pmatrix} 1 & 1 & 1 \\ 0 & 1 & 1 \\ 0 & 0 & 1 \end{pmatrix}\begin{pmatrix} l \\ m \\ n \end{pmatrix} = \begin{pmatrix} 0 \\ 2 \\ -1 \end{pmatrix}$ を解け.

$\vec{p} = -2\vec{a} + 3\vec{b} - \vec{c}$

196 (1) ${}^t\!A A$ の $(1, 1)$ 成分は $\vec{a} \cdot \vec{a} = |\vec{a}|^2$, $(1, 2)$ 成分は $\vec{a} \cdot \vec{b} = 0$ 他も同様にして

$${}^t\!A A = \begin{pmatrix} |\vec{a}|^2 & 0 & 0 \\ 0 & |\vec{b}|^2 & 0 \\ 0 & 0 & |\vec{c}|^2 \end{pmatrix}$$

よって $|{}^t\!A A| = |\vec{a}|^2|\vec{b}|^2|\vec{c}|^2$

$|{}^t\!A A| = |{}^t\!A||A| = |A|^2$ だから

$|A| = \pm|\vec{a}||\vec{b}||\vec{c}|$

(2) $\vec{a}$, $\vec{b}$, $\vec{c}$ は $\vec{0}$ でないから (1) より $|A| \neq 0$

よって, 線形独立である.

別解 $l\vec{a} + m\vec{b} + n\vec{c} = \vec{0}$ とし, $\vec{a}$ との内積をとると

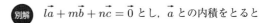

$$\vec{la}\cdot\vec{a}+\vec{ma}\cdot\vec{b}+\vec{na}\cdot\vec{c}=0$$

$\vec{a}\cdot\vec{a}=|\vec{a}|^2\neq0,\ \vec{a}\cdot\vec{b}=\vec{a}\cdot\vec{c}=0$ だから

$l=0$

$m=0,\ n=0$ も同様にして導かれる.

(3) $\vec{p}=\vec{la}+\vec{mb}+\vec{nc}$ と $\vec{a}$ との内積をとると

$$\vec{a}\cdot\vec{p}=\vec{la}\cdot\vec{a}+\vec{ma}\cdot\vec{b}+\vec{na}\cdot\vec{c}=l|\vec{a}|^2$$

$$\therefore\quad l=\frac{\vec{a}\cdot\vec{p}}{|\vec{a}|^2}$$

同様に $\quad m=\dfrac{\vec{b}\cdot\vec{p}}{|\vec{b}|^2},\ n=\dfrac{\vec{c}\cdot\vec{p}}{|\vec{c}|^2}$

Plus

1 外積

197

(1) $\begin{pmatrix}0\\0\\3\end{pmatrix}$, 3　(2) $\begin{pmatrix}1\\1\\-2\end{pmatrix}$, $\sqrt{6}$

(3) $\begin{pmatrix}3\\9\\-6\end{pmatrix}$, $3\sqrt{14}$　(4) $\begin{pmatrix}0\\0\\0\end{pmatrix}$, 0

198

(1) $\begin{pmatrix}8\\5\\9\end{pmatrix}$　(2) $\dfrac{\sqrt{170}}{2}$

(3) $8x+5y+9z=27$

2 行列・行列式の分割

199 $\begin{pmatrix}3&-2&1&2\\1&4&3&1\\5&-1&6&1\\2&6&5&4\end{pmatrix}$

200 $\begin{vmatrix}A&O\\C&B\end{vmatrix}=\begin{vmatrix}{}^t\begin{pmatrix}A&O\\C&B\end{pmatrix}\end{vmatrix}=\begin{vmatrix}{}^tA&{}^tC\\{}^tO&{}^tB\end{vmatrix}$

$=|{}^tA|\,|{}^tB|=|A|\,|B|$

201 (1) 与式 $=\begin{vmatrix}2&3\\4&1\end{vmatrix}\begin{vmatrix}-1&2\\3&1\end{vmatrix}$

$=(-10)\times(-7)=70$

(2) 与式 $=\begin{vmatrix}-2&1\\0&3\end{vmatrix}\begin{vmatrix}3&-1\\2&4\end{vmatrix}$

$=(-6)\times14=-84$

202 (1) $\begin{pmatrix}E&B\\O&D-CB\end{pmatrix}$

(2) $\begin{vmatrix}\begin{pmatrix}E&O\\-C&E\end{pmatrix}\begin{pmatrix}E&B\\C&D\end{pmatrix}\end{vmatrix}=\begin{vmatrix}E&B\\O&D-CB\end{vmatrix}$

ここで $\begin{vmatrix}E&B\\O&D-CB\end{vmatrix}=|D-CB|$,

$\begin{vmatrix}E&O\\-C&E\end{vmatrix}=1$ を用いればよい.

(3) $\begin{pmatrix}E&-B\\O&E\end{pmatrix}\begin{pmatrix}A&B\\C&E\end{pmatrix}=\begin{pmatrix}A-BC&O\\C&E\end{pmatrix}$

を用いればよい.

203 (1) 与式 $=\begin{vmatrix}\begin{pmatrix}4&6\\2&5\end{pmatrix}-\begin{pmatrix}2&1\\1&2\end{pmatrix}\begin{pmatrix}-1&2\\3&1\end{pmatrix}\end{vmatrix}$

$=\begin{vmatrix}3&1\\-3&1\end{vmatrix}=6$

(2) 与式 $=\begin{vmatrix}\begin{pmatrix}1&2\\0&3\end{pmatrix}-\begin{pmatrix}-2&1\\3&0\end{pmatrix}\begin{pmatrix}1&3\\2&-1\end{pmatrix}\end{vmatrix}$

$=\begin{vmatrix}1&9\\-3&-6\end{vmatrix}=21$

204 (1) $\begin{pmatrix}A+B&B\\O&A-B\end{pmatrix}$

(2) $\begin{vmatrix}\begin{pmatrix}E&O\\-E&E\end{pmatrix}\begin{pmatrix}A&B\\B&A\end{pmatrix}\begin{pmatrix}E&O\\E&E\end{pmatrix}\end{vmatrix}$

$=\begin{vmatrix}A+B&B\\O&A-B\end{vmatrix}$

ここで

$$\begin{vmatrix} E & O \\ -E & E \end{vmatrix} = \begin{vmatrix} E & O \\ E & E \end{vmatrix} = 1 \text{ であることと}$$

$$\begin{vmatrix} A+B & B \\ O & A-B \end{vmatrix} = |A+B|\,|A-B|$$

を用いればよい.

3 いろいろな問題

205 (1) まず，1 行と 4 行を交換せよ．40

(2) まず，1 行 − 4 行 × 1 を行え．−100

(3) まず，3 行 + 1 行 × 1，5 行 − 1 行 × 1 を行え．

-12

(4) まず，1 列と 2 列を交換せよ．3

206 (1)
$$\begin{vmatrix} x & x & y & x \\ y & y & y & x \\ x & y & x & x \\ x & y & y & y \end{vmatrix}$$

$$= \begin{vmatrix} x & x & y & x \\ y-x & y-x & 0 & 0 \\ 0 & y-x & x-y & 0 \\ 0 & y-x & 0 & y-x \end{vmatrix}$$

$$= (y-x)^3 \begin{vmatrix} x & x & y & x \\ 1 & 1 & 0 & 0 \\ 0 & 1 & -1 & 0 \\ 0 & 1 & 0 & 1 \end{vmatrix}$$

$$= (x-y)^4$$

(2)
$$\begin{vmatrix} 1 & 1 & 1 & 1 \\ a & a^2 & a^3 & a^4 \\ b & b^2 & b^3 & b^4 \\ c & c^2 & c^3 & c^4 \end{vmatrix}$$

$$= \begin{vmatrix} 1 & 0 & 0 & 0 \\ a & a^2-a & a^3-a & a^4-a \\ b & b^2-b & b^3-b & b^4-b \\ c & c^2-c & c^3-c & c^4-c \end{vmatrix}$$

$$= abc \begin{vmatrix} a-1 & a^2-1 & a^3-1 \\ b-1 & b^2-1 & b^3-1 \\ c-1 & c^2-1 & c^3-1 \end{vmatrix}$$

$$= abc(a-1)(b-1)(c-1)$$

$$\times \begin{vmatrix} 1 & a+1 & a^2+a+1 \\ 1 & b+1 & b^2+b+1 \\ 1 & c+1 & c^2+c+1 \end{vmatrix}$$

$$= abc(a-1)(b-1)(c-1)$$

$$\times \begin{vmatrix} 1 & a & a^2+a \\ 0 & b-a & (b-a)(b+a+1) \\ 0 & c-a & (c-a)(c+a+1) \end{vmatrix}$$

$$= abc(a-1)(b-1)(c-1)$$

$$\times (b-a)(c-a) \begin{vmatrix} 1 & a & a^2+a \\ 0 & 1 & b+a+1 \\ 0 & 1 & c+a+1 \end{vmatrix}$$

$$= abc(a-b)(b-c)(c-a)$$

$$\times (a-1)(b-1)(c-1)$$

207 (1) まず，1 列 + 2 列 × 1 + 3 列 × 1 を行え．

$x = -2,\ 1$（2 重解）

(2) 1 行 − 2 行 × 1 を行うと，1 行に共通因数 $x-1$ ができることを利用せよ．$x = 1,\ -4,\ 7$

208 左辺を次のように 2 個の行列式の和に分解する．

$$\begin{vmatrix} 1 & ab & ac & ad \\ 0 & 1+b^2 & bc & bd \\ 0 & cb & 1+c^2 & cd \\ 0 & db & dc & 1+d^2 \end{vmatrix}$$

$$+\begin{vmatrix} a^2 & ab & ac & ad \\ ba & 1+b^2 & bc & bd \\ ca & cb & 1+c^2 & cd \\ da & db & dc & 1+d^2 \end{vmatrix}$$

最初の行列式を $|A|$, 2番目の行列式を $|B|$ とする.

$|B|$ の1行と1列から a をくくり出して

$$|B| = a^2 \begin{vmatrix} 1 & b & c & d \\ b & 1+b^2 & bc & bd \\ c & cb & 1+c^2 & cd \\ d & db & dc & 1+d^2 \end{vmatrix}$$

$$\begin{array}{c} \underline{\underline{2\,行\,-1\,行\,\times b}} \\ 3\,行\,-1\,行\,\times c \\ 4\,行\,-1\,行\,\times d \end{array} \; a^2 \begin{vmatrix} 1 & b & c & d \\ 0 & 1 & 0 & 0 \\ 0 & 0 & 1 & 0 \\ 0 & 0 & 0 & 1 \end{vmatrix} = a^2$$

$|A|$ を第1列について展開し,上と同様な計算を繰り返せば

$$|A| = 1 + b^2 + c^2 + d^2$$

したがって,等式が成り立つ.

209 (1) $1 - k$

(2) A^{-1} のすべての成分が整数であるとき,$|A^{-1}|$ も整数である.

$AA^{-1} = E$ より $|A||A^{-1}| = |AA^{-1}| = 1$

$|A|$, $|A^{-1}|$ は整数であるから $|A| = \pm 1$

$\therefore$ $k = 0, 2$

逆に $k = 0, 2$ に対し,A^{-1} のすべての成分は整数となることが,余因子による逆行列の計算によりわかる.

210 四角形 OABC の面積は三角形 OAB と三角形 OBC の面積の和であり $\dfrac{5}{2} + \dfrac{7}{2} = 6$

211 (1) $\dfrac{1}{a^3} \begin{pmatrix} a^2 & -ab & bd-ac \\ 0 & a^2 & -ad \\ 0 & 0 & a^2 \end{pmatrix}$

(2) $\dfrac{1}{a^2-b^2} \begin{pmatrix} 0 & -b & a \\ -(a+b) & a & a \\ a+b & 0 & -(a+b) \end{pmatrix}$

212 $\begin{pmatrix} 2 & -1 & 1 \\ 1 & 2 & -3 \\ 1 & -3 & -1 \end{pmatrix} \begin{pmatrix} x \\ y \\ z \end{pmatrix} = \begin{pmatrix} 7 \\ -1 \\ -2 \end{pmatrix}$

$x = 3,\ y = 1,\ z = 2$

4章 行列の応用

1 線形変換

Basic

213 $\begin{cases} x' = -x \\ y' = y \end{cases}$

214 線形変換は (3) $\begin{pmatrix} -3 & 2 \\ 1 & 1 \end{pmatrix}$

215 (1) $\begin{pmatrix} 2 & 5 \\ 1 & -1 \end{pmatrix}$, $(1, 4)$

(2) $\begin{pmatrix} 0 & -2 \\ 1 & -2 \end{pmatrix}$, $(2, 5)$

216 $A = \dfrac{1}{2} \begin{pmatrix} 2 & 8 \\ 1 & 1 \end{pmatrix}$

217 (1) $\begin{pmatrix} 7 \\ 1 \end{pmatrix}$ (2) $\begin{pmatrix} -3 \\ 5 \end{pmatrix}$ (3) $\begin{pmatrix} 16 \\ 5 \end{pmatrix}$

218 $\begin{pmatrix} -5 \\ 9 \end{pmatrix}$

219 (1) 直線 $5x - 2y = -4$ (2) 直線 $y = 2x$

220 $f \circ g : \begin{pmatrix} 1 & 4 \\ -7 & -3 \end{pmatrix}$, $(-3, -4)$

$g \circ f : \begin{pmatrix} -1 & 8 \\ -3 & -1 \end{pmatrix}, \ (-9, \ -2)$

221 (1) $\dfrac{1}{5}\begin{pmatrix} 4 & -1 \\ -3 & 2 \end{pmatrix}$　(2) $\left(\dfrac{9}{5}, \ -\dfrac{8}{5}\right)$

222 (1) $\begin{pmatrix} 2 & -1 \\ -5 & 3 \end{pmatrix}, \begin{pmatrix} 0 & -1 \\ 1 & 0 \end{pmatrix},$

$\begin{pmatrix} 5 & -3 \\ 2 & -1 \end{pmatrix}, \begin{pmatrix} -1 & -2 \\ 3 & 5 \end{pmatrix}$

(2) $(1, \ -2), (-1, \ 1), (2, \ 1), (-3, \ 8)$

223 直線 $y = -4x + 1$

224 $(1 - 3\sqrt{3}, \ 3 + \sqrt{3})$

225 点 $(3, \ 2)$ を 90° ずつ回転させていけばよい.

$(-2, \ 3), (-3, \ -2), (2, \ -3)$

226 直交行列は (1), (2), (3), (5), (6)

	Check	●

227 (1) $\begin{pmatrix} 0 & 2 \\ -3 & 1 \end{pmatrix}$　(2) $\dfrac{1}{5}\begin{pmatrix} 12 & -3 \\ -7 & 3 \end{pmatrix}$

⇒ **214,215,216**

228 $g \circ f : (-3, \ 15)$

$(f \circ g)^{-1} : \left(\dfrac{14}{3}, \ \dfrac{19}{6}\right)$ ⇒ **220,221,222**

229 (1) $6x - 7y - 12 = 0$

(2) $y = -\dfrac{3}{4}$ ⇒ **219,223**

230 (1) $a = \dfrac{1}{5}, \ b = \dfrac{1}{5}, \ c = -\dfrac{2}{5}, \ d = -\dfrac{2}{5}$

(2) 1 点 $(1, -2)$ ⇒ **216,219**

231 (1) 点 $(-4\sqrt{2}, \ -2\sqrt{2})$ (2) 直線 $x - 3y = \sqrt{2}$

(3) 直線 $y = \sqrt{2}$ ⇒ **219,224**

232 (1) $\begin{pmatrix} \cos\alpha & -\sin\alpha \\ \sin\alpha & \cos\alpha \end{pmatrix}, \begin{pmatrix} \cos\beta & -\sin\beta \\ \sin\beta & \cos\beta \end{pmatrix}$

(2) $\begin{pmatrix} \cos\beta & -\sin\beta \\ \sin\beta & \cos\beta \end{pmatrix}\begin{pmatrix} \cos\alpha & -\sin\alpha \\ \sin\alpha & \cos\alpha \end{pmatrix}$

$= \begin{pmatrix} \cos\beta\cos\alpha - \sin\beta\sin\alpha \\ \sin\beta\cos\alpha + \cos\beta\sin\alpha \end{pmatrix.$

$\begin{matrix} -\cos\beta\sin\alpha - \sin\beta\cos\alpha \\ -\sin\beta\sin\alpha + \cos\beta\cos\alpha \end{matrix}\Big)$

$= \begin{pmatrix} \cos(\beta + \alpha) & -\sin(\beta + \alpha) \\ \sin(\beta + \alpha) & \cos(\beta + \alpha) \end{pmatrix}$

(3) 座標平面上の点を原点のまわりに $\beta + \alpha$ だけ回転する線形変換 ⇒ **220,224**

	Step up	●●

233 $T = \begin{pmatrix} \dfrac{1}{3} & \dfrac{2}{3} & \dfrac{2}{3} \\ \dfrac{2}{3} & a & b \\ \dfrac{2}{3} & b & c \end{pmatrix}$ とおいて

${}^t T T = E$ となる $a, \ b, \ c$ を求めよ.

$\begin{pmatrix} \dfrac{1}{3} & \dfrac{2}{3} & \dfrac{2}{3} \\ \dfrac{2}{3} & -\dfrac{2}{3} & \dfrac{1}{3} \\ \dfrac{2}{3} & \dfrac{1}{3} & -\dfrac{2}{3} \end{pmatrix}, \begin{pmatrix} \dfrac{1}{3} & \dfrac{2}{3} & \dfrac{2}{3} \\ \dfrac{2}{3} & \dfrac{1}{3} & -\dfrac{2}{3} \\ \dfrac{2}{3} & -\dfrac{2}{3} & \dfrac{1}{3} \end{pmatrix}$

234 線形変換によって, 線分は線分に移ることを用いよ.

(1) $(0, \ 0), (2, \ 1), (3, \ 3), (1, \ 2)$ を頂点とするひし形

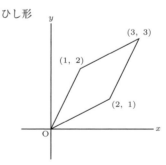

(2) $(2, \ 1), (1, \ 2), (-2, \ -1), (-1, \ -2)$ を頂点とする長方形

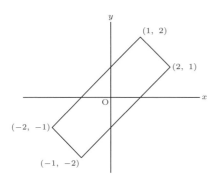

(3) $(3, 3)$, $(-2, 2)$, $(-3, -3)$, $(2, -2)$ を頂点

とするひし形

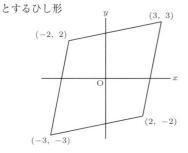

235 (1) 直線上の点 P の位置ベクトルを $\boldsymbol{p}$ とすると

$$\boldsymbol{p} = \boldsymbol{a} + t\boldsymbol{v} \quad (\overrightarrow{\mathrm{OP}} = \overrightarrow{\mathrm{OA}} + t\boldsymbol{v})$$

f による像は

$$\text{直線 } f(\boldsymbol{p}) = f(\boldsymbol{a}) + tf(\boldsymbol{v})$$
$$\left(f(\overrightarrow{\mathrm{OP}}) = f(\overrightarrow{\mathrm{OA}}) + tf(\boldsymbol{v}) \right)$$

(2) $\boldsymbol{v}$ に平行な 2 直線上の点をそれぞれ P, Q とし,

位置ベクトルを $\boldsymbol{p}$, $\boldsymbol{q}$ とすると

$$\boldsymbol{p} = \boldsymbol{a} + t\boldsymbol{v}, \ \boldsymbol{q} = \boldsymbol{b} + t\boldsymbol{v}$$

f による像はそれぞれ

$$f(\boldsymbol{p}) = f(\boldsymbol{a}) + tf(\boldsymbol{v})$$
$$f(\boldsymbol{q}) = f(\boldsymbol{b}) + tf(\boldsymbol{v})$$

ともに $f(\boldsymbol{v})$ に平行だから, 像は平行な 2 直線

であるかまたは一致する.

236 (1) 放物線 $y = x^2$

(2)

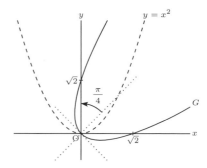

237 円 $x^2 + y^2 = 1$

2 固有値とその応用

Basic

238 $A \begin{pmatrix} 1 \\ 1 \end{pmatrix} = \begin{pmatrix} 5 \\ 5 \end{pmatrix}$, $A \begin{pmatrix} -1 \\ 1 \end{pmatrix} = \begin{pmatrix} -3 \\ 3 \end{pmatrix}$

よって, 固有ベクトルであり, 固有値は 5 と 3 で

ある.

239 (1) 5, $c_1 \begin{pmatrix} 1 \\ 1 \end{pmatrix}$, -3, $c_2 \begin{pmatrix} 1 \\ -1 \end{pmatrix}$

$(c_1 \neq 0, \ c_2 \neq 0)$

(2) 3 (2 重解), $c \begin{pmatrix} 1 \\ -1 \end{pmatrix}$ $(c \neq 0)$

240 (1) 1, $c_1 \begin{pmatrix} 1 \\ 0 \\ 0 \end{pmatrix}$, -1, $c_2 \begin{pmatrix} 0 \\ 1 \\ 1 \end{pmatrix}$, 2, $c_3 \begin{pmatrix} 1 \\ 2 \\ 3 \end{pmatrix}$

$(c_1 \neq 0, \ c_2 \neq 0, \ c_3 \neq 0)$

(2) 0, $c_1 \begin{pmatrix} -2 \\ 2 \\ 1 \end{pmatrix}$, 1, $c_2 \begin{pmatrix} -4 \\ 3 \\ 3 \end{pmatrix}$, 3, $c_3 \begin{pmatrix} -1 \\ 1 \\ 2 \end{pmatrix}$

$(c_1 \neq 0, \ c_2 \neq 0, \ c_3 \neq 0)$

241 (1) 1, $c_1 \begin{pmatrix} 1 \\ 2 \\ 3 \end{pmatrix}$, 2 (2 重解), $c_2 \begin{pmatrix} 1 \\ 1 \\ 1 \end{pmatrix}$

$(c_1 \neq 0, \ c_2 \neq 0)$

(2) 1（3重解），$c_1 \begin{pmatrix} 0 \\ 1 \\ 0 \end{pmatrix} + c_2 \begin{pmatrix} 0 \\ 0 \\ 1 \end{pmatrix}$

$$（c_1 \neq 0 \text{ または } c_2 \neq 0）$$

242 $\begin{pmatrix} 5 & 0 \\ 0 & 3 \end{pmatrix}$

243 与えられた行列を A，対角化行列を P とする．

(1) $P = \begin{pmatrix} 1 & 5 \\ 1 & -3 \end{pmatrix}$，$P^{-1}AP = \begin{pmatrix} 6 & 0 \\ 0 & -2 \end{pmatrix}$

(2) $P = \begin{pmatrix} 1 & -2 \\ 1 & 3 \end{pmatrix}$，$P^{-1}AP = \begin{pmatrix} 4 & 0 \\ 0 & -1 \end{pmatrix}$

244 対角化行列 P，対角行列 $P^{-1}AP$ の順に

(1) $\begin{pmatrix} 1 & 3 & 1 \\ 1 & 7 & 1 \\ 1 & 10 & 0 \end{pmatrix}$，$\begin{pmatrix} 1 & 0 & 0 \\ 0 & -1 & 0 \\ 0 & 0 & 3 \end{pmatrix}$

(2) $\begin{pmatrix} 8 & 0 & 0 \\ 1 & -1 & 5 \\ -5 & 1 & 3 \end{pmatrix}$，$\begin{pmatrix} 1 & 0 & 0 \\ 0 & -3 & 0 \\ 0 & 0 & 5 \end{pmatrix}$

245 (1) 対角化行列 P，対角行列 $P^{-1}AP$ の順に

$\begin{pmatrix} 0 & 1 & -2 \\ 1 & 1 & 0 \\ 0 & 0 & 1 \end{pmatrix}$，$\begin{pmatrix} 1 & 0 & 0 \\ 0 & 2 & 0 \\ 0 & 0 & 2 \end{pmatrix}$

(2) 固有値，固有ベクトルは

0（2重解），$c_1 \begin{pmatrix} 1 \\ -2 \\ 1 \end{pmatrix}$，$3$，$c_2 \begin{pmatrix} 1 \\ 1 \\ 1 \end{pmatrix}$

$$（c_1 \neq 0，c_2 \neq 0）$$

線形独立な固有ベクトルが2個しかとれず，対角化可能ではない．

246 与えられた行列を A とする．

(1) $T = \begin{pmatrix} \dfrac{3}{\sqrt{10}} & -\dfrac{1}{\sqrt{10}} \\ \dfrac{1}{\sqrt{10}} & \dfrac{3}{\sqrt{10}} \end{pmatrix}$ とおくと

$$T^{-1}AT = {}^tTAT = \begin{pmatrix} 5 & 0 \\ 0 & -5 \end{pmatrix}$$

(2) $T = \begin{pmatrix} \dfrac{2}{\sqrt{13}} & -\dfrac{3}{\sqrt{13}} \\ \dfrac{3}{\sqrt{13}} & \dfrac{2}{\sqrt{13}} \end{pmatrix}$ とおくと

$$T^{-1}AT = {}^tTAT = \begin{pmatrix} 7 & 0 \\ 0 & -6 \end{pmatrix}$$

(3) $T = \begin{pmatrix} \dfrac{2}{\sqrt{5}} & -\dfrac{1}{\sqrt{5}} \\ \dfrac{1}{\sqrt{5}} & \dfrac{2}{\sqrt{5}} \end{pmatrix}$ とおくと

$$T^{-1}AT = {}^tTAT = \begin{pmatrix} -1 & 0 \\ 0 & 9 \end{pmatrix}$$

(4) $T = \begin{pmatrix} \dfrac{1}{\sqrt{3}} & \dfrac{1}{\sqrt{2}} & -\dfrac{1}{\sqrt{6}} \\ -\dfrac{1}{\sqrt{3}} & \dfrac{1}{\sqrt{2}} & \dfrac{1}{\sqrt{6}} \\ \dfrac{1}{\sqrt{3}} & 0 & \dfrac{2}{\sqrt{6}} \end{pmatrix}$ とおくと

$$T^{-1}AT = {}^tTAT = \begin{pmatrix} 0 & 0 & 0 \\ 0 & 1 & 0 \\ 0 & 0 & 3 \end{pmatrix}$$

247 固有値と対応する固有ベクトルは

$\lambda = 4$，$\boldsymbol{x}_1 = c_1\boldsymbol{p}_1 \quad (c_1 \neq 0)$

$\lambda = 1$（2重解），$\boldsymbol{x}_2 = c_2\boldsymbol{p}_2 + c_3\boldsymbol{p}_3$

$$（c_2 \neq 0 \text{ または } c_3 \neq 0）$$

ただし

$\boldsymbol{p}_1 = \begin{pmatrix} 1 \\ 1 \\ -1 \end{pmatrix}$，$\boldsymbol{p}_2 = \begin{pmatrix} 1 \\ 0 \\ 1 \end{pmatrix}$，$\boldsymbol{p}_3 = \begin{pmatrix} -1 \\ 1 \\ 0 \end{pmatrix}$

$\boldsymbol{q}_3 = c_2\boldsymbol{p}_2 + \boldsymbol{p}_3$ とおく．

$\boldsymbol{p}_2 \cdot \boldsymbol{q}_3 = 0$ となる c_2 を求めると

$c_2|\boldsymbol{p}_2|^2 + \boldsymbol{p}_2 \cdot \boldsymbol{p}_3 = 0$ より

$c_2 = -\dfrac{\boldsymbol{p}_2 \cdot \boldsymbol{p}_3}{|\boldsymbol{p}_2|^2} = \dfrac{1}{2}$ だから

$\boldsymbol{q}_3 = c_2\boldsymbol{p}_2 + \boldsymbol{p}_3 = \dfrac{1}{2}\boldsymbol{p}_2 + \boldsymbol{p}_3$

$$= \frac{1}{2}\begin{pmatrix} 1 \\ 0 \\ 1 \end{pmatrix} + \begin{pmatrix} -1 \\ 1 \\ 0 \end{pmatrix} = \frac{1}{2}\begin{pmatrix} -1 \\ 2 \\ 1 \end{pmatrix}$$

$\boldsymbol{p}_1,\ \boldsymbol{p}_2,\ \boldsymbol{q}_3$ に平行な単位ベクトルをそれぞれ

$\boldsymbol{u}_1,\ \boldsymbol{u}_2,\ \boldsymbol{u}_3$ とおき $T = (\boldsymbol{u}_1\ \boldsymbol{u}_2\ \boldsymbol{u}_3)$ とおくと

$$T = \begin{pmatrix} \dfrac{1}{\sqrt{3}} & \dfrac{1}{\sqrt{2}} & -\dfrac{1}{\sqrt{6}} \\ \dfrac{1}{\sqrt{3}} & 0 & \dfrac{2}{\sqrt{6}} \\ -\dfrac{1}{\sqrt{3}} & \dfrac{1}{\sqrt{2}} & \dfrac{1}{\sqrt{6}} \end{pmatrix}$$

$$T^{-1}AT = {}^{t}TAT = \begin{pmatrix} 4 & 0 & 0 \\ 0 & 1 & 0 \\ 0 & 0 & 1 \end{pmatrix}$$

248 $F = 9x'^2 - y'^2$

$$x = \frac{2x' - y'}{\sqrt{5}},\ y = \frac{x' + 2y'}{\sqrt{5}}$$

249 (1) $5x'^2 - 5y'^2$

$$x = \frac{3x' + y'}{\sqrt{10}},\ y = \frac{x' - 3y'}{\sqrt{10}}$$

(2) $x'^2 - y'^2,\ x = \dfrac{x' + y'}{\sqrt{2}},\ y = \dfrac{x' - y'}{\sqrt{2}}$

250 標準形 $x'^2 + 9y'^2$

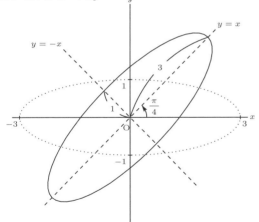

251 (1) $\dfrac{1}{3}\begin{pmatrix} 7^n + 2 & 2\cdot 7^n - 2 \\ 7^n - 1 & 2\cdot 7^n + 1 \end{pmatrix}$

(2) $\dfrac{1}{2}\begin{pmatrix} 7^n + (-3)^n & 7^n - (-3)^n \\ 7^n - (-3)^n & 7^n + (-3)^n \end{pmatrix}$

---

4 章　行列の応用

252 (1) $4,\ c_1\begin{pmatrix} 5 \\ 2 \end{pmatrix},\ -3,\ c_2\begin{pmatrix} 1 \\ -1 \end{pmatrix}$

$$(c_1 \ne 0,\ c_2 \ne 0)$$

(2) $5,\ c_1\begin{pmatrix} 2 \\ 1 \end{pmatrix},\ -3,\ c_2\begin{pmatrix} 2 \\ -1 \end{pmatrix}$

$$(c_1 \ne 0,\ c_2 \ne 0) \qquad \Rrightarrow 239$$

253 (1) $3,\ c_1\begin{pmatrix} 3 \\ 7 \\ 1 \end{pmatrix},\ -1,\ c_2\begin{pmatrix} 1 \\ -1 \\ 1 \end{pmatrix},\ -2,\ c_3\begin{pmatrix} 1 \\ -1 \\ 2 \end{pmatrix}$

$$(c_1 \ne 0,\ c_2 \ne 0,\ c_3 \ne 0)$$

(2) $1,\ c_1\begin{pmatrix} 5 \\ 1 \\ -5 \end{pmatrix},\ 2\,(2\,重解),\ c_2\begin{pmatrix} 1 \\ 0 \\ -1 \end{pmatrix}$

$$(c_1 \ne 0,\ c_2 \ne 0) \qquad \Rrightarrow 240,241$$

254 (1) 与えられた行列を A, 対角化行列を P とする

と $P = \begin{pmatrix} 1 & 2 \\ 1 & 1 \end{pmatrix}$, $P^{-1}AP = \begin{pmatrix} 1 & 0 \\ 0 & 4 \end{pmatrix}$

(2) 固有値は 1（2重解），固有ベクトルは $c\begin{pmatrix} 1 \\ 1 \end{pmatrix}$

$(c \ne 0)$ であり，線形独立な固有ベクトルが 1

個しかとれず，対角化可能ではない．

(3) 対角化行列 P, 対角行列 $P^{-1}AP$ の順に

$$\begin{pmatrix} 1 & -5 & 1 \\ -2 & 0 & 0 \\ 0 & 6 & 1 \end{pmatrix},\ \begin{pmatrix} 1 & 0 & 0 \\ 0 & -3 & 0 \\ 0 & 0 & 8 \end{pmatrix}$$

(4) 固有値，固有ベクトルは

$$2,\ c_1\begin{pmatrix} 1 \\ -1 \\ 0 \end{pmatrix},\ 1\,(2\,重解),\ c_2\begin{pmatrix} 3 \\ -3 \\ 1 \end{pmatrix}$$

$$(c_1 \ne 0,\ c_2 \ne 0)$$

線形独立な固有ベクトルが 2 個しかとれず，対

角化可能ではない．

(5) 対角化行列 P, 対角行列 $P^{-1}AP$ の順に

$$\begin{pmatrix} 1 & -1 & -1 \\ -2 & 1 & 0 \\ -2 & 0 & 1 \end{pmatrix}, \begin{pmatrix} -2 & 0 & 0 \\ 0 & 1 & 0 \\ 0 & 0 & 1 \end{pmatrix}$$

⇒242,243,244,245

255 与えられた行列を A とする.

(1) $T = \begin{pmatrix} \dfrac{1}{\sqrt{5}} & \dfrac{2}{\sqrt{5}} \\ -\dfrac{2}{\sqrt{5}} & \dfrac{1}{\sqrt{5}} \end{pmatrix}$ とおくと

$$T^{-1}AT = {}^t TAT = \begin{pmatrix} 1 & 0 \\ 0 & 6 \end{pmatrix}$$

(2) $T = \begin{pmatrix} 0 & \dfrac{1}{\sqrt{2}} & \dfrac{1}{\sqrt{2}} \\ 1 & 0 & 0 \\ 0 & -\dfrac{1}{\sqrt{2}} & \dfrac{1}{\sqrt{2}} \end{pmatrix}$ とおくと

$$T^{-1}AT = {}^t TAT = \begin{pmatrix} 1 & 0 & 0 \\ 0 & -1 & 0 \\ 0 & 0 & 3 \end{pmatrix}$$

⇒246

256 固有値と対応する固有ベクトルは

$\lambda = -4, \ \boldsymbol{x}_1 = c_1 \boldsymbol{p}_1 \quad (c_1 \neq 0)$

$\lambda = 2 \ (2\text{重解}), \ \boldsymbol{x}_2 = c_2 \boldsymbol{p}_2 + c_3 \boldsymbol{p}_3$

$$(c_2 \neq 0 \text{ または } c_3 \neq 0)$$

ただし

$$\boldsymbol{p}_1 = \begin{pmatrix} 1 \\ -1 \\ 2 \end{pmatrix}, \ \boldsymbol{p}_2 = \begin{pmatrix} 1 \\ 1 \\ 0 \end{pmatrix}, \ \boldsymbol{p}_3 = \begin{pmatrix} -2 \\ 0 \\ 1 \end{pmatrix}$$

$\boldsymbol{q}_3 = c_2 \boldsymbol{p}_2 + \boldsymbol{p}_3$ とおく.

$\boldsymbol{p}_2 \cdot \boldsymbol{q}_3 = 0$ となる c_2 を求めると

$c_2 |\boldsymbol{p}_2|^2 + \boldsymbol{p}_2 \cdot \boldsymbol{p}_3 = 0$ より

$c_2 = -\dfrac{\boldsymbol{p}_2 \cdot \boldsymbol{p}_3}{|\boldsymbol{p}_2|^2} = 1$ だから

$\boldsymbol{q}_3 = c_2 \boldsymbol{p}_2 + \boldsymbol{p}_3 = \boldsymbol{p}_2 + \boldsymbol{p}_3$

$$= \begin{pmatrix} 1 \\ 1 \\ 0 \end{pmatrix} + \begin{pmatrix} -2 \\ 0 \\ 1 \end{pmatrix} = \begin{pmatrix} -1 \\ 1 \\ 1 \end{pmatrix}$$

$T = \begin{pmatrix} \dfrac{1}{\sqrt{6}} & \dfrac{1}{\sqrt{2}} & -\dfrac{1}{\sqrt{3}} \\ -\dfrac{1}{\sqrt{6}} & \dfrac{1}{\sqrt{2}} & \dfrac{1}{\sqrt{3}} \\ \dfrac{2}{\sqrt{6}} & 0 & \dfrac{1}{\sqrt{3}} \end{pmatrix}$ とおくと

$$T^{-1}AT = {}^t TAT = \begin{pmatrix} -4 & 0 & 0 \\ 0 & 2 & 0 \\ 0 & 0 & 2 \end{pmatrix}$$

⇒247

257 $-4x'^2 + 16y'^2$

$$x = \frac{x' - \sqrt{3}y'}{2}, \ y = \frac{\sqrt{3}x' + y'}{2}$$

⇒248,249,250

258 (1) $\dfrac{1}{3}\begin{pmatrix} 4 - (-5)^n & 2 \cdot (-5)^n - 2 \\ 2 - 2 \cdot (-5)^n & 4 \cdot (-5)^n - 1 \end{pmatrix}$

(2) $\dfrac{1}{7}\begin{pmatrix} 5^n + 6 \cdot (-2)^n & 3 \cdot 5^n - 3 \cdot (-2)^n \\ 2 \cdot 5^n - 2 \cdot (-2)^n & 6 \cdot 5^n + (-2)^n \end{pmatrix}$

⇒251

Step up

259 (1) $P = \begin{pmatrix} 1 & 0 & 0 \\ 0 & 1 & 1 \\ -1 & 0 & -1 \end{pmatrix}$

$P^{-1}AP = \begin{pmatrix} -2 & 0 & 0 \\ 0 & 1 & 0 \\ 0 & 0 & 6 \end{pmatrix}$ であり

$$A^n = \begin{pmatrix} (-2)^n & 0 & 0 \\ 1 - 6^n & 1 & 1 - 6^n \\ 6^n - (-2)^n & 0 & 6^n \end{pmatrix}$$

(2) $P = \begin{pmatrix} 1 & -2 & -1 \\ -1 & 1 & 1 \\ 0 & 2 & 2 \end{pmatrix}$

$P^{-1}AP = \begin{pmatrix} 1 & 0 & 0 \\ 0 & 2 & 0 \\ 0 & 0 & 3 \end{pmatrix}$

A^n は次のようになる.

$$\begin{pmatrix} 2^{n+1}-3^n & -1+2^{n+1}-3^n & \dfrac{1-3^n}{2} \\[2mm] -2^n+3^n & 1-2^n+3^n & \dfrac{-1+3^n}{2} \\[2mm] -2^{n+1}+2\cdot3^n & -2^{n+1}+2\cdot3^n & 3^n \end{pmatrix}$$

260 (1) $P = \begin{pmatrix} 1 & 1 & 0 \\ 1 & 0 & 1 \\ 1 & 1 & 1 \end{pmatrix}$ とおくと

$$P^{-1}AP = \begin{pmatrix} 1 & 0 & 0 \\ 0 & -1 & 0 \\ 0 & 0 & 8 \end{pmatrix}$$

(2) $D = \begin{pmatrix} 1 & 0 & 0 \\ 0 & -1 & 0 \\ 0 & 0 & 2 \end{pmatrix}$ とおくと,

$P^{-1}AP = D^3$ だから $A = PD^3P^{-1}$

したがって, $PD^3P^{-1} = \{PDP^{-1}\}^3$ より,

$X = PDP^{-1}$ とすると, $X^3 = A$ を満たし,

$$X = \begin{pmatrix} 1 & 2 & -2 \\ -1 & 1 & 1 \\ -1 & 2 & 0 \end{pmatrix}$$

261 $|P^{-1}AP - \lambda E| = |P^{-1}(A-\lambda E)P|$

$= |P^{-1}|\,|A-\lambda E|\,|P|$

$= |P^{-1}|\,|P|\,|A-\lambda E|$

$= |P^{-1}P|\,|A-\lambda E| = |E|\,|A-\lambda E|$

$= |A-\lambda E|$

固有方程式が一致するから, A と $P^{-1}AP$ は同じ固有値をもつ.

262 (1) 固有値 6, 4

対応する固有ベクトルは, 順に

$c_1\begin{pmatrix} 1 \\ 1 \end{pmatrix}$, $c_2\begin{pmatrix} -1 \\ 1 \end{pmatrix}$ $(c_1 \neq 0,\ c_2 \neq 0)$

(2) $P = \begin{pmatrix} \dfrac{1}{\sqrt{2}} & -\dfrac{1}{\sqrt{2}} \\[2mm] \dfrac{1}{\sqrt{2}} & \dfrac{1}{\sqrt{2}} \end{pmatrix}$ より $\theta = \dfrac{\pi}{4}$

(3) 求める図形は, $6x'^2 + 4y'^2 - 12 = 0$ すなわち楕円 $\dfrac{x'^2}{2} + \dfrac{y'^2}{3} = 1$ を原点のまわりに $\dfrac{\pi}{4}$ 回転した楕円である.

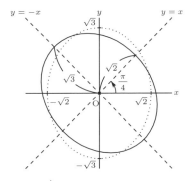

263 $\begin{pmatrix} 4 & -3 \\ -3 & -4 \end{pmatrix}$ の固有値は $\lambda = -5,\ 5$

それぞれの固有ベクトルとして $\begin{pmatrix} 1 \\ 3 \end{pmatrix}$, $\begin{pmatrix} -3 \\ 1 \end{pmatrix}$ をとることができる.

$T = \begin{pmatrix} \dfrac{1}{\sqrt{10}} & -\dfrac{3}{\sqrt{10}} \\[2mm] \dfrac{3}{\sqrt{10}} & \dfrac{1}{\sqrt{10}} \end{pmatrix} = \begin{pmatrix} \cos\alpha & -\sin\alpha \\ \sin\alpha & \cos\alpha \end{pmatrix}$

とおく.

ただし, α は $\cos\alpha = \dfrac{1}{\sqrt{10}}$, $\sin\alpha = \dfrac{3}{\sqrt{10}}$ を満たす角である.

$\begin{pmatrix} x \\ y \end{pmatrix} = T\begin{pmatrix} x' \\ y' \end{pmatrix} = \dfrac{1}{\sqrt{10}}\begin{pmatrix} x'-3y' \\ 3x'+y' \end{pmatrix}$ とすると

$$-5x'^2 + 5y'^2 = -5$$
$$x'^2 - y'^2 = 1$$

よって, 求める曲線は, 双曲線 $x^2-y^2=1$ を原点を中心として α だけ回転した双曲線である. $\tan\alpha = 3$ より主軸は $y = 3x$, 他の軸は $y = -\dfrac{1}{3}x$

また, $x'^2 - y'^2 = 1$ の漸近線 $y' = \pm x'$ に

$\begin{pmatrix} x' \\ y' \end{pmatrix} = {}^tT\begin{pmatrix} x \\ y \end{pmatrix}$ を代入すると

$$y = -2x,\ y = \dfrac{1}{2}x$$

が漸近線となる.

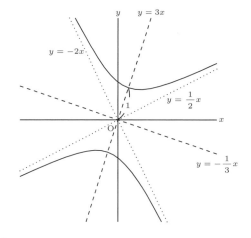

$$= \operatorname{tr}((AP)P^{-1}) = \operatorname{tr}(A)$$

2 連立漸化式

267 $A = \begin{pmatrix} 1 & 4 \\ 2 & 3 \end{pmatrix}$ の固有値, 固有ベクトルは

$$-1, \ c_1 \begin{pmatrix} 2 \\ -1 \end{pmatrix}, \ 5, \ c_2 \begin{pmatrix} 1 \\ 1 \end{pmatrix} \quad (c_1 \neq 0, \ c_2 \neq 0)$$

$$x_n = \frac{2 \cdot 5^n - 8 \cdot (-1)^n}{3}$$

$$y_n = \frac{2 \cdot 5^n + 4 \cdot (-1)^n}{3}$$

3 3変数の2次形式

268 $\begin{pmatrix} 3 & 0 & -1 \\ 0 & 3 & -1 \\ -1 & -1 & 4 \end{pmatrix}$ の固有値, 固有ベクトルは

$$2, \ c_1 \begin{pmatrix} 1 \\ 1 \\ 1 \end{pmatrix}, \ 3, \ c_2 \begin{pmatrix} -1 \\ 1 \\ 0 \end{pmatrix}, \ 5, \ c_3 \begin{pmatrix} -1 \\ -1 \\ 2 \end{pmatrix}$$

$$(c_1 \neq 0, \ c_2 \neq 0, \ c_3 \neq 0)$$

$$2x'^2 + 3y'^2 + 5z'^2$$

$$x = \frac{1}{\sqrt{3}}x' - \frac{1}{\sqrt{2}}y' - \frac{1}{\sqrt{6}}z'$$

$$y = \frac{1}{\sqrt{3}}x' + \frac{1}{\sqrt{2}}y' - \frac{1}{\sqrt{6}}z'$$

$$z = \frac{1}{\sqrt{3}}x' + \frac{2}{\sqrt{6}}z'$$

4 最大最小問題への応用

269 (1) 2 (2重解), $c_1 \begin{pmatrix} -1 \\ 0 \\ 1 \end{pmatrix} + c_2 \begin{pmatrix} -1 \\ 1 \\ 0 \end{pmatrix}$

$$(c_1 \neq 0 \ \text{または} \ c_2 \neq 0)$$

$$5, \ c_3 \begin{pmatrix} 1 \\ 1 \\ 1 \end{pmatrix} \quad (c_3 \neq 0)$$

Plus

1 固有多項式

264 (1) $\lambda^2 + 2\lambda + 3$

(2) $\lambda^5 + 3\lambda^3$

$$= (\lambda^3 - 2\lambda^2 + 4\lambda - 2)(\lambda^2 + 2\lambda + 3) - 8\lambda + 6$$

(3) $A^5 + 3A^3$

$$= (A^3 - 2A^2 + 4A - 2E)(A^2 + 2A + 3E)$$
$$- 8A + 6E$$

$$= -8A + 6E = \begin{pmatrix} -18 & 24 \\ -48 & 46 \end{pmatrix}$$

265 (1) $A = (a_{ij}), \ B = (b_{ij})$ とする.

$\operatorname{tr}(AB)$

$$= (a_{11}b_{11} + a_{12}b_{21}) + (a_{21}b_{12} + a_{22}b_{22})$$

$\operatorname{tr}(BA)$

$$= (b_{11}a_{11} + b_{12}a_{21}) + (b_{21}a_{12} + b_{22}a_{22})$$

$$\therefore \quad \operatorname{tr}(AB) = \operatorname{tr}(BA)$$

(2) (1) より $\operatorname{tr}(AB) = \operatorname{tr}(BA)$

また $|AB| = |A||B| = |B||A| = |BA|$

$$\therefore \quad \lambda^2 - \operatorname{tr}(AB)\lambda + |AB|$$
$$= \lambda^2 - \operatorname{tr}(BA)\lambda + |BA|$$

266 前問 (1) を用いると

$$\operatorname{tr}(P^{-1}(AP)) = \operatorname{tr}((AP)P^{-1})$$

$$\therefore \quad \operatorname{tr}(P^{-1}AP) = \operatorname{tr}(P^{-1}(AP))$$

(2) $\boldsymbol{p}_1 = \begin{pmatrix} -1 \\ 0 \\ 1 \end{pmatrix}$, $\boldsymbol{p}_2 = \begin{pmatrix} -1 \\ 1 \\ 0 \end{pmatrix}$, $\boldsymbol{p}_3 = \begin{pmatrix} 1 \\ 1 \\ 1 \end{pmatrix}$,

$\boldsymbol{q}_2 = c_1 \boldsymbol{p}_1 + \boldsymbol{p}_2$ とおく.

$\boldsymbol{p}_1 \cdot \boldsymbol{q}_2 = 0$ となる c_1 を求めると

$c_1 |\boldsymbol{p}_1|^2 + \boldsymbol{p}_1 \cdot \boldsymbol{p}_2 = 0$ より

$c_1 = -\dfrac{\boldsymbol{p}_1 \cdot \boldsymbol{p}_2}{|\boldsymbol{p}_1|^2} = -\dfrac{1}{2}$ だから

$\boldsymbol{q}_2 = c_1 \boldsymbol{p}_1 + \boldsymbol{p}_2 = -\dfrac{1}{2}\boldsymbol{p}_1 + \boldsymbol{p}_2$

$= -\dfrac{1}{2}\begin{pmatrix} -1 \\ 0 \\ 1 \end{pmatrix} + \begin{pmatrix} -1 \\ 1 \\ 0 \end{pmatrix} = \dfrac{1}{2}\begin{pmatrix} -1 \\ 2 \\ -1 \end{pmatrix}$

$T = \begin{pmatrix} -\dfrac{1}{\sqrt{2}} & -\dfrac{1}{\sqrt{6}} & \dfrac{1}{\sqrt{3}} \\ 0 & \dfrac{2}{\sqrt{6}} & \dfrac{1}{\sqrt{3}} \\ \dfrac{1}{\sqrt{2}} & -\dfrac{1}{\sqrt{6}} & \dfrac{1}{\sqrt{3}} \end{pmatrix}$ とし,

$\begin{pmatrix} x \\ y \\ z \end{pmatrix} = T \begin{pmatrix} x' \\ y' \\ z' \end{pmatrix}$ とおくと

$f(x, y, z) = 2x'^2 + 2y'^2 + 5z'^2$

$x^2 + y^2 + z^2 = x'^2 + y'^2 + z'^2$

したがって, $x'^2 + y'^2 + z'^2 = 1$ のときの

$2x'^2 + 2y'^2 + 5z'^2$ の最大値と最小値を求めれ

ばよい.

$2x'^2 + 2y'^2 + 5z'^2$

$= 2(1 - z'^2) + 5z'^2 = 2 + 3z'^2$

よって $x' = 0$, $y' = 0$, $z' = \pm 1$ すなわち

$x = y = z = \pm \dfrac{1}{\sqrt{3}}$ のとき　最大値 5

また, $x'^2 + y'^2 + z'^2 = 1$, $z' = 0$ すなわち

$x^2 + y^2 + z^2 = 1$, $x + y + z = 0$ のとき

最小値 2

5 空間における直交変換

270 $\lambda = 1$ に対する固有ベクトルは $\begin{pmatrix} 3 \\ 1 \\ 2 \end{pmatrix}$

固有ベクトルに垂直なベクトル $\boldsymbol{u}$ をとる.

$\boldsymbol{u} = \begin{pmatrix} 1 \\ -3 \\ 0 \end{pmatrix}$ とすると　$\boldsymbol{u}' = T\boldsymbol{u} = \begin{pmatrix} -1 \\ 3 \\ 0 \end{pmatrix}$

$\boldsymbol{u}$, $\boldsymbol{u}'$ のなす角を θ とすると

$\cos\theta = \dfrac{\boldsymbol{u} \cdot \boldsymbol{u}'}{|\boldsymbol{u}||\boldsymbol{u}'|} = -1$

したがって, 回転角 $\theta = \pi$

軸が直線 $\dfrac{x}{3} = \dfrac{y}{1} = \dfrac{z}{2}$ で $180°$ 回転を表す変換

すなわち, 直線 $\dfrac{x}{3} = \dfrac{y}{1} = \dfrac{z}{2}$ に関する対称な移

動（線対称変換）である.

● **注**‥‥ T が直交行列で対称行列のとき, T による変換は,

$|T| = 1$ のとき線対称変換であり, $|T| = -1$ の

とき面対称変換である. ただし, $T \neq \pm E$ とする.

271 (1) $\overrightarrow{\mathrm{PP'}}$ は平面の法線ベクトル $\begin{pmatrix} 1 \\ 1 \\ 1 \end{pmatrix}$ に平行だから

$\begin{pmatrix} x' - x \\ y' - y \\ z' - z \end{pmatrix} = k\begin{pmatrix} 1 \\ 1 \\ 1 \end{pmatrix}$

となる実数 k が存在する. よって

$x' = x + k$, $y' = y + k$, $z' = z + k$ ①

$\mathrm{PP'}$ の中点は平面上にあるから

$\dfrac{x + x'}{2} + \dfrac{y + y'}{2} + \dfrac{z + z'}{2} = 0$ ②

①を②に代入すると

$2x + 2y + 2z + 3k = 0$

$\therefore \quad k = -\dfrac{2(x + y + z)}{3}$ ③

③を①に代入すると

$x' = \dfrac{x - 2y - 2z}{3}$

$y' = \dfrac{-2x + y - 2z}{3}$

4章

行列の応用

$$z' = \frac{-2x - 2y + z}{3}$$

したがって，求める行列は

$$\begin{pmatrix} \dfrac{1}{3} & -\dfrac{2}{3} & -\dfrac{2}{3} \\ -\dfrac{2}{3} & \dfrac{1}{3} & -\dfrac{2}{3} \\ -\dfrac{2}{3} & -\dfrac{2}{3} & \dfrac{1}{3} \end{pmatrix}$$

(2) $\overrightarrow{\mathrm{PP'}}$ は直線の方向ベクトル $\begin{pmatrix} 1 \\ 1 \\ 1 \end{pmatrix}$ に垂直だから

$$(x' - x) + (y' - y) + (z' - z) = 0 \qquad ①$$

$\mathrm{PP'}$ の中点は直線上にあるから

$$\frac{x + x'}{2} = \frac{y + y'}{2} = \frac{z + z'}{2} (= t \text{ とおく})$$

よって

$$x' = 2t - x, \ y' = 2t - y, \ z' = 2t - z \quad ②$$

②を①に代入すると

$$(2t - 2x) + (2t - 2y) + (2t - 2z) = 0$$

$$\therefore \quad t = \frac{x + y + z}{3} \qquad\qquad ③$$

③を②に代入すると

$$x' = \frac{-x + 2y + 2z}{3}$$
$$y' = \frac{2x - y + 2z}{3}$$
$$z' = \frac{2x + 2y - z}{3}$$

したがって，求める行列は

$$\begin{pmatrix} -\dfrac{1}{3} & \dfrac{2}{3} & \dfrac{2}{3} \\ \dfrac{2}{3} & -\dfrac{1}{3} & \dfrac{2}{3} \\ \dfrac{2}{3} & \dfrac{2}{3} & -\dfrac{1}{3} \end{pmatrix}$$

6 いろいろな問題

272 $a = -1, \ b = 1$

273 f を表す行列を $\begin{pmatrix} a & b \\ c & d \end{pmatrix}$ とする.

$$\begin{pmatrix} a & b \\ c & d \end{pmatrix}\begin{pmatrix} 1 \\ 1 \end{pmatrix} = \begin{pmatrix} 1 \\ 1 \end{pmatrix}$$

$$\begin{pmatrix} a & b \\ c & d \end{pmatrix}\begin{pmatrix} 1 \\ 0 \end{pmatrix} = m\begin{pmatrix} 1 \\ 0 \end{pmatrix} \quad (m \text{ は実数})$$

$$\begin{pmatrix} a & b \\ c & d \end{pmatrix}\begin{pmatrix} 1 \\ 2 \end{pmatrix} \cdot \begin{pmatrix} 1 \\ 2 \end{pmatrix} = 0 \quad \text{を解いて}$$

$$\begin{pmatrix} 6 & -5 \\ 0 & 1 \end{pmatrix}$$

274 (1) $\begin{pmatrix} 4 & 6 \\ 1 & 3 \end{pmatrix}\begin{pmatrix} x \\ y \end{pmatrix} = \begin{pmatrix} x \\ y \end{pmatrix}$ より

直線 $x + 2y = 0$

(2) $\begin{pmatrix} 4 & 6 \\ 1 & 3 \end{pmatrix}\begin{pmatrix} t \\ mt \end{pmatrix} = \begin{pmatrix} (4 + 6m)t \\ (1 + 3m)t \end{pmatrix}$

任意の t について

$$(1 + 3m)t = m(4 + 6m)t$$

が成り立つことから

$$6m^2 + m - 1 = 0$$

これを解いて $\quad m = -\dfrac{1}{2}, \ \dfrac{1}{3}$

275 (1) 固有値 $-2, \ 1$

対応する固有ベクトルは，順に

$$c_1\begin{pmatrix} 1 \\ 1 \end{pmatrix}, \quad c_2\begin{pmatrix} 2 \\ 3 \end{pmatrix} \quad (c_1 \neq 0, \ c_2 \neq 0)$$

(2) $\begin{pmatrix} 0 \\ 1 \end{pmatrix} = -2\begin{pmatrix} 1 \\ 1 \end{pmatrix} + \begin{pmatrix} 2 \\ 3 \end{pmatrix}$

(3) $A^n \begin{pmatrix} 0 \\ 1 \end{pmatrix} = A^n \left\{ -2\begin{pmatrix} 1 \\ 1 \end{pmatrix} + \begin{pmatrix} 2 \\ 3 \end{pmatrix} \right\}$

$$= -2A^n\begin{pmatrix} 1 \\ 1 \end{pmatrix} + A^n\begin{pmatrix} 2 \\ 3 \end{pmatrix}$$

$$= -2(-2)^n\begin{pmatrix} 1 \\ 1 \end{pmatrix} + \begin{pmatrix} 2 \\ 3 \end{pmatrix}$$

$$= \begin{pmatrix} (-2)^{n+1} + 2 \\ (-2)^{n+1} + 3 \end{pmatrix}$$

276 次の式を仮定する.

$$c_1\boldsymbol{x}_1 + c_2\boldsymbol{x}_2 + c_3\boldsymbol{x}_3 = \boldsymbol{0} \qquad ①$$

両辺に左から A を掛けると

$$c_1\lambda_1\boldsymbol{x}_1 + c_2\lambda_2\boldsymbol{x}_2 + c_3\lambda_3\boldsymbol{x}_3 = \boldsymbol{0} \qquad ②$$

② － ① × λ_3 により

$$c_1(\lambda_1 - \lambda_3)\boldsymbol{x}_1 + c_2(\lambda_2 - \lambda_3)\boldsymbol{x}_2 = \boldsymbol{0} \qquad ③$$

両辺に左から A を掛けると

$$c_1(\lambda_1 - \lambda_3)\lambda_1\boldsymbol{x}_1 + c_2(\lambda_2 - \lambda_3)\lambda_2\boldsymbol{x}_2 = \boldsymbol{0} \qquad ④$$

④ － ③ × λ_2 により

$$c_1(\lambda_1 - \lambda_3)(\lambda_1 - \lambda_2)\boldsymbol{x}_1 = \boldsymbol{0}$$

$\lambda_1 \neq \lambda_2$, $\lambda_1 \neq \lambda_3$, $\boldsymbol{x}_1 \neq \boldsymbol{0}$ だから $c_1 = 0$

③ に代入すると

$$c_2(\lambda_2 - \lambda_3)\boldsymbol{x}_2 = \boldsymbol{0}$$

$\lambda_2 \neq \lambda_3$, $\boldsymbol{x}_2 \neq \boldsymbol{0}$ より　$c_2 = 0$

① に代入すると

$$c_3\boldsymbol{x}_3 = \boldsymbol{0}$$

$\boldsymbol{x}_3 \neq \boldsymbol{0}$ より　$c_3 = 0$

$$c_1 = c_2 = c_3 = 0$$

よって，$\boldsymbol{x}_1$, $\boldsymbol{x}_2$, $\boldsymbol{x}_3$ は線形独立である．

277 λ を AB の固有値とし，$\boldsymbol{x}$ を固有ベクトルとすると，$AB\boldsymbol{x} = \lambda\boldsymbol{x}$ $(\boldsymbol{x} \neq \boldsymbol{0})$ より

$$BAB\boldsymbol{x} = B(\lambda\boldsymbol{x}) = \lambda B\boldsymbol{x}$$

(ⅰ) $B\boldsymbol{x} \neq \boldsymbol{0}$ ならば，λ は BA の固有値

　　（固有ベクトルは $B\boldsymbol{x}$）

(ⅱ) $B\boldsymbol{x} = \boldsymbol{0}$ ならば，$\lambda\boldsymbol{x} = AB\boldsymbol{x} = \boldsymbol{0}$ となり

　　$\boldsymbol{x} \neq \boldsymbol{0}$ だから $\lambda = 0$

　　また $|B| \neq 0$ とすると B^{-1} が存在するから

　　$\boldsymbol{x} = \boldsymbol{0}$ となる．$\boldsymbol{x} \neq \boldsymbol{0}$ であったから $|B| = 0$

　　したがって $|BA| = |B||A| = 0$

　　よって，$\lambda = 0$ は $|BA - \lambda E| = 0$ の解，すなわち BA の固有値である．

278 λ を A の固有値とし，$\boldsymbol{x}$ を固有ベクトルとすると，$A\boldsymbol{x} = \lambda\boldsymbol{x}$ $(\boldsymbol{x} \neq \boldsymbol{0})$ より

$$A^2\boldsymbol{x} = A(\lambda\boldsymbol{x}) = \lambda A\boldsymbol{x} = \lambda^2\boldsymbol{x}$$

また，$A^2 = A$ より，$A^2\boldsymbol{x} = A\boldsymbol{x} = \lambda\boldsymbol{x}$

よって，$\lambda^2 = \lambda$ より，$\lambda = 0$ または 1 である．

$A(A - E) = O$, $A \neq E$ より，$A - E$ の中で $\boldsymbol{x} \neq \boldsymbol{0}$ となる列ベクトルをとると行列の計算から

$$A\boldsymbol{x} = \boldsymbol{0} \quad (\boldsymbol{x} \neq \boldsymbol{0})$$

よって，$\boldsymbol{x}$ が固有値 0 の固有ベクトルである．

同様に，$(A - E)A = O$, $A \neq O$ より，A の中で $\boldsymbol{x} \neq \boldsymbol{0}$ となる列ベクトルをとると

$$(A - E)\boldsymbol{x} = \boldsymbol{0} \quad (\boldsymbol{x} \neq \boldsymbol{0})$$

よって，$\boldsymbol{x}$ が固有値 1 の固有ベクトルである．

ゆえに，0 と 1 は固有値である．

▶ 本書の WEB Contents を弊社サイトに掲載しております. ご活用下さい.
https://www.dainippon-tosho.co.jp/college_math/web_linear.html

●監修

高遠 節夫 　元東邦大学教授

●執筆

栗原 大武 　山口大学大学院准教授

久保 康幸 　弓削商船高等専門学校准教授

篠原 知子 　都立産業技術高等専門学校 品川キャンパス教授

西浦 孝治 　福島工業高等専門学校教授

野澤 武司 　長岡工業高等専門学校教授

前田 善文 　長野工業高等専門学校名誉教授

●校閲

秋山 聡 　和歌山工業高等専門学校教授

石原 秀樹 　熊本高等専門学校 熊本キャンパス教授

笠谷 昌弘 　富山高等専門学校 本郷キャンパス准教授

三浦 崇 　秀明大学学校教師学部講師

向江 頼士 　宮崎大学教育学部准教授

山田 章 　長岡工業高等専門学校教授

吉村 弥子 　神戸市立工業高等専門学校教授

表紙・カバー│田中 晋, 矢崎 博昭　　本文設計│矢崎 博昭

新線形代数問題集　改訂版

2021.11.1　改訂版第1刷発行
2023.12.1　改訂版第3刷発行

●著作者　高遠 節夫 ほか
●発行者　大日本図書株式会社　(代表)中村 潤
●印刷者　株式会社 加藤文明社印刷所
●発行所　大日本図書株式会社　　〒112-0012　東京都文京区大塚3-11-6
　　　　　　tel. 03-5940-8673(編集), 8676(供給)

中部支社　名古屋市千種区内山1-14-19 高島ビル　　tel. 052-733-6662
関西支社　大阪市北区東天満2-9-4 千代田ビル東館6階　　tel. 06-6354-7315
九州支社　福岡市中央区赤坂1-15-33 ダイアビル福岡赤坂7階　　tel. 092-688-9595